不织布手作大全

小杂货与饰物

# 永远绽放的不织布花朵饰物

日本宝库社　编著

陈亚敏　译

河南科学技术出版社

· 郑州 ·

## 前言

用薄薄的不织布制作的花片，软软的，暖暖的，可爱极了。

制作的装饰品佩戴起来，会在不经意间，让人的优雅品质提升很多。

既可制作适合成人的装饰品，也可充分利用材质的柔软性，

为活泼爱动的女孩制作出适合佩戴的头饰。

通过各种基础做法的组合、色彩的搭配，

制作一些比较独特、有创意的不织布花朵吧!

# 目录

## Chapter 3

# 在特别的日子里佩戴的各种小物件

# 作品的材料和制作方法

# Chapter 1

# 可轻松完成的不织布花朵饰物

## 01 迷你玫瑰胸针
## 02 迷你玫瑰发绳

用不织布卷起来制作成的迷你玫瑰发绳和胸针。
发绳的迷你玫瑰的直径约 2.5cm。
尤其值得注意的是，尺寸大小一定要看起来特别可爱。

花朵的制作方法 --- p.24
作品的制作方法 --- p.50
设计和制作：Hitomi Inoue

在里面的便签纸上，
写上几句赠言会更好。

03

04

## 03 04

### 四叶草留言本

这款颇具创意的不织布留言本作为礼物、谢礼，非常合适。
制作简单，只需重复粘贴，
但是可传递出你暖暖的心意。

作品的制作方法 --- p.52
设计和制作：Hitomi Inoue

BRODERIE ANGLAISE

Pl.55

**05** 蒲公英发夹

**06** 蒲公英胸针

通过缠绕不织布制作成蒲公英，
很享受制作的过程。仔细观察一下
现实中花本身的颜色，
做出各种黄色组合搭配的蒲公英。

花朵的制作方法 --- p.26
作品的制作方法 --- p.53
设计和制作：PieniSieni

## 07

### 大丽花鞋饰

在你喜爱的平底拖鞋上，装饰上用不织布做的大丽花。
花瓣的颜色可选用印染色来搭配组合。
每一圈改变一种颜色，会看起来更漂亮。

花朵的制作方法 --- p.30
作品的制作方法 --- p.54
设计和制作：Hitomi Inoue

# 08

## 一品红餐布环

使用米色的厚不织布制作的一品红餐布环，
非常适合圣诞节时使用。
其中宽带子要用厚不织布制作。

花朵的制作方法 --- 参照 p.20
作品的制作方法 --- p.54
设计和制作：umico

宽带子用厚不织布制作时，
剪牙口。

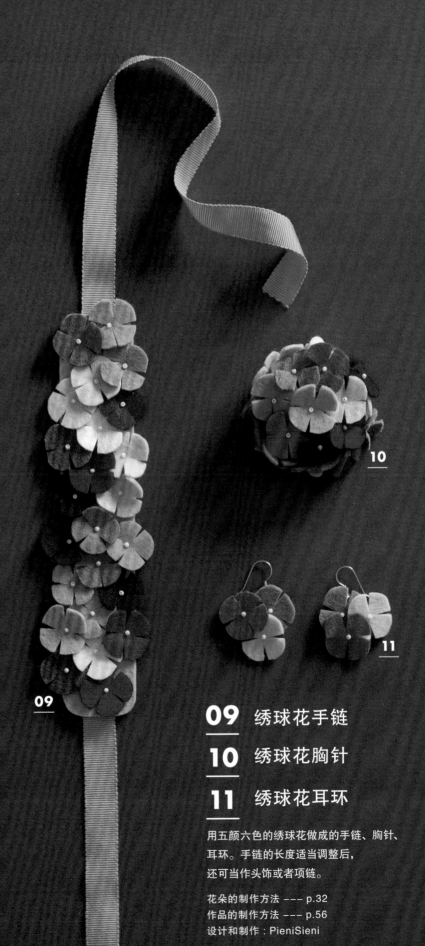

**09** 绣球花手链

**10** 绣球花胸针

**11** 绣球花耳环

用五颜六色的绣球花做成的手链、胸针、
耳环。手链的长度适当调整后，
还可当作头饰或者项链。

花朵的制作方法 ––– p.32
作品的制作方法 ––– p.56
设计和制作：PieniSieni

# 12 13 14 15 16

## 玫瑰胸针

把花瓣一边缠绕到一起，一边调整做成的玫瑰花朵。
色彩搭配及花瓣的组合，
均可按照自己的喜好进行制作。

花朵的制作方法 --- p.34
作品的制作方法 --- p.58
设计和制作：PieniSieni

# 17 玫瑰手提包
# 18 装饰小物件

不织布手提包搭配上圆形的大玫瑰，
小玫瑰作为装饰小物件，相得益彰，非常漂亮。

花朵的制作方法 --- p.34
作品的制作方法 --- p.60
设计和制作：PieniSieni

## 19

### 花朵挂盘

使用绣绷，做成直径 12cm 的迷你花朵挂盘。
结合花瓣的颜色给绣绷外框上色，
这样比较和谐。

花朵的制作方法 --- 参照 p.24
作品的制作方法 --- p.62
设计和制作：Hitomi Inoue

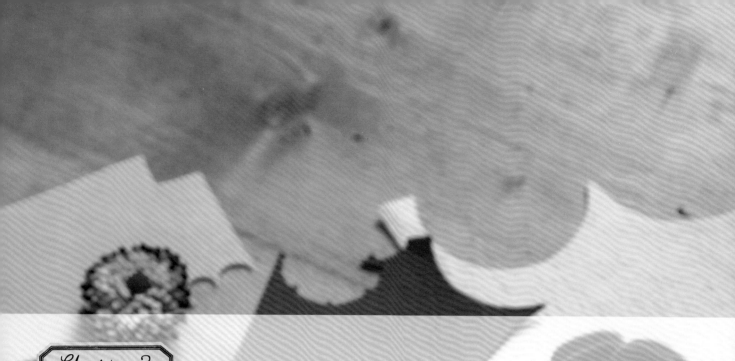

# Chapter 2

# 不织布花朵制作

# 制作工具及材料

## [ 裁剪工具 ]

裁剪不织布时，除了需要剪布剪刀，还需要做细微裁剪的雕绣剪刀。另外在做顶端、花瓣处理时，有一把锯齿剪刀会更方便。

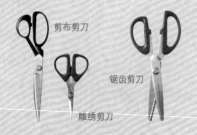

剪布剪刀

锯齿剪刀

雕绣剪刀

### 不织布的裁剪方法

用笔把纸型画上之后再裁剪，或者用珠针把纸型固定到不织布上之后再裁剪。按照下图所示使用固体胶贴上也很方便。裁剪纸型时用剪纸剪刀，裁剪不织布时用剪布剪刀。

①把纸型临摹到复写纸上。
②裁剪纸型。
③用固体胶把纸型粘贴到不织布上。
④沿着纸型裁剪不织布，然后把纸型揭掉。

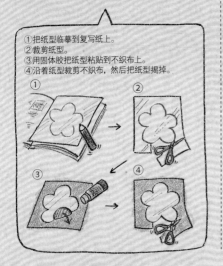

## [ 粘贴工具 ]

把不织布与不织布粘贴到一起时使用不织布专用黏合剂。在黏合比较细小的部分时，用竹签或者牙签涂抹比较方便。使用2mm厚的不织布，需要强力固定时，用专门的黏合剂用热熔枪把热熔胶熔解后再黏合。粘贴花芯的串珠或者人造宝石时，要根据素材选择合适的黏合剂。

不织布专用黏合剂　　强力型手工用黏合剂

## [ 其他工具 ]

有的花朵在制作时，需要尺子、锥子、记号笔、镊子等其他工具。

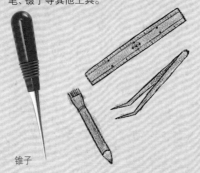

锥子

## [ 缝制工具 ]

缝针、缝线、珠针、剪线剪刀等缝制工具也需要准备一下。稍粗的、颜色多样的刺绣线和不织布比较相配，所以可代替缝线使用。

## [ 作品完成时所需工具 ]

p.10、23的作品需要用到缝纫机，当然手工缝制也可以。把不织布花朵作为装饰固定到作品上时，需要老虎钳、平嘴钳、尖嘴钳等工具。

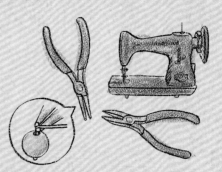

### [ 不织布 ]

不织布的颜色、种类繁多。根据作品以及用途选择相应的不织布。多色组合的时候，也需要从相同系列中选择，这样比较统一和谐。接下来，介绍一下本书中所用到的各种不织布。

**迷你不织布**
**(mini)**

这款不织布颜色鲜明，给人一种活泼生动的感觉。色彩丰富，可自由组合，容易处理制作。共 63 种颜色，厚度约为 1mm。60% 羊毛、40% 人造纤维。通常的尺寸是 20cm×20cm，当然也有 40cm×40cm 的。

**大理石不织布**
**(marble felt)**

这款不织布的特点就是色调比较厚重。厚度有 2mm 和 3mm 的。分别为 18 种颜色（2mm）和 12 种颜色（3mm）。100% 涤纶。通常的尺寸是 18cm×18cm、55cm×50cm。

**精致不织布**
**( es·sence )**

柔软的混合色调，给人沉着的感觉是这款不织布的特点。因为厚实，所以比较上档次。共 10 种颜色。厚度约为 2.2mm。80% 涤纶、20% 人造纤维。通常的尺寸约为 22cm×30cm、45cm×60cm。

**美国乡村不织布**
**(american country)**

这款不织布材质柔软，颇有美式田园风格，比较时尚。适合纯棉、针织类的衣物，也适合做装饰品。共 17 种颜色，厚度约 1mm。100% 纯羊毛。通常的尺寸约为 18cm×20cm。

**硬质不织布**
**(hard felt)**

这款不织布采用树脂加工，比较硬的材质。但是可以裁剪，也可以打孔。上面的作品就是使用该款不织布制作的。共 10 种颜色，厚度约 1mm，100% 涤纶，用腈纶树脂加工。通常的尺寸为 18cm×20cm。

---

### [ 花芯 ]

制作花芯除了用串珠、纽扣、人造宝石之外，也会用到做假花用的纸等。可根据自己的喜好选择相应的素材。

### [ 其他 ]

丝带、线织花边、印花棉布和不织布比较搭配。制作完花朵，再和各种素材组合，做出更漂亮的作品。填充棉用于 p.32 的绣球花的制作。另外制作花束时会用到假花用的铁丝、花艺胶带。

### [ 装饰配件 ]

把花朵安装到装饰品上时会用到。胸针最常用到。耳坠金属部件、两用的夹子、椭圆形按夹等发夹也会用到。安装串珠或者装饰小物件时，会用到圆环、T 字针、9 字针等。

# anemone

**银莲花**
花语：期待
出自希腊语中的"风"。
在英语中被称为"Wind flower"。

实物大纸型

材料（1朵花的量）

里衬　花芯

花瓣　　　　叶子

※ 不织布的厚度均为 1mm
不织布
花瓣：纸型 A…2 片
里衬：纸型 B…1 片
叶子：纸型 C…1 片
花芯 1：纸型 D…1 片
花芯 2：直径 8mm 的黑色玻璃珠…1 颗
工具：剪刀、胶水、不织布专用黏合剂、黏合剂、塑料瓶盖子、长尾夹
p.19 作品的材料…2 朵花、耳机

## 制作方法

**1** 在花瓣用的不织布的背面涂上薄薄的不织布专用黏合剂，放进塑料瓶盖子里，整理成碗的形状。然后直接晾干。制作 2 片。

**2** 在花瓣中心处涂上不织布专用黏合剂，把 2 片花瓣如图交叉摆放粘贴到一起。

point

当 2 片花瓣重叠交叉粘贴时，注意从侧面观察一下，整理成碗状。

**3** 在重叠花瓣的中心处涂上不织布专用黏合剂，粘贴上花芯 1 的不织布。然后用胶水把花芯 2 的玻璃珠粘贴到花芯 1 上。

**4** 根据自己的喜好，在叶子上剪牙口，这样会更有感觉，在叶基涂上不织布专用黏合剂。如图竖着对折，只需要把叶基粘贴到一起，用长尾夹夹住晾干。

**5** 叶基固定好之后，在叶基上再涂上不织布专用黏合剂，粘贴到花的背面。尽量避开背面第 1 片花瓣，注意不要高低不平，这样容易黏合。

**6** 把不织布里衬覆盖住叶基，用不织布专用黏合剂粘贴到花背面的中心处。

memo

制作好的银莲花用黏合剂粘贴到耳机上。这样 p.19 的作品就完成了。塑料的正面用纸或者布稍微擦一下，再涂黏合剂，粘得更牢固。

按照实物大纸型制作而成的花朵，比较适合做一些小的装饰品（直径 3cm）。当然也可把纸型稍微放大，做成头饰也会很漂亮的。

**20**

## 银莲花耳机

耳机用不织布做的银莲花装饰。听音乐时，
宛如耳边开着一朵小花，可爱至极。

作品的制作方法 --- p.18
设计和制作：Hitomi Inoue

把纸型放大或缩
小，或者换成其他
颜色的不织布都是
可以的。

19

# camellia

山茶花

花语：魅力

在日本一年当中最寒冷的季节 1 ~ 2 月开放。

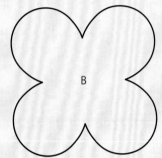

C

B

A

**材料（1 朵花的量）**

花瓣
1、2

花瓣
3

花瓣
4

※ 不织布的厚度均为 2mm

不织布｜ 花瓣 1、2：纸型 A…各 1 片
｜ 花瓣 3：纸型 B…1 片
｜ 花瓣 4：纸型 C…1 片

花芯：直径 8mm 的串珠、圆形小串珠…各 1 颗
工具：剪刀、胶水、缝线、缝针、热熔胶（或黏合剂）

p.21 作品的材料（1 个的量）=1 朵花、不织布
直径 2.5cm…1 片、胸针…1 个

**制作方法**

0.7cm

**1** 从花瓣的牙口 0.7cm 开始，把内侧平针缝缝一圈。使用 2mm 厚的不织布时，用 2 股线缝，这样即使拉伸，线也不会断。

**point** 平针缝缝完之后，拉一下线，花瓣中心就成碗状了。为了不让花瓣太皱，用手再整理一下比较好。

在最下面（花瓣 1）的内侧打结。

在 1 ~ 3 层花瓣（花瓣 2 ~ 4）的外侧打结。

**memo**

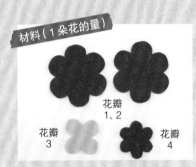

因为在背面可以看见缝线，所以尽量选择与花瓣颜色相同的线，这样一来缝线就不明显了。这样的缝线也可用于其他部位的固定。p.21 制作饰品时需要把饰品安装到直径 2.5cm 的不织布上，然后用热熔胶（或黏合剂）把饰品粘贴到花的背面。

○ p.46 花朵的制作方法也是如此

用厚不织布制作的花朵，可以制作成胸针，然后再装饰到外套上。与针织的篮子或者提包也是非常搭配的。

花瓣的色彩、形状、片数稍作改变，就可制作出感觉不同的花朵。当增加花瓣时，缩短放在上面的花瓣上的一圈平针缝直径，即可很完美地重叠组合到一起了。

**2** 从下面把花瓣按照 1 ~ 4 的顺序，分别用热熔胶（或黏合剂）粘贴起来。花瓣 1、2 完全重叠粘贴。粘贴花瓣 3、4 时，如图所示，稍微错开角度。在花的中心缝上花芯用串珠，即可完成。

# 21 22

## 山茶花饰品

把厚不织布花瓣重叠做成的山茶花
装饰到袜套或者袜子上，瞬间可提升其质感。
也可缝到直接接触皮肤的物件上。

作品的制作方法 --- p.20
设计和制作：umico

21

22

# pinecone & leaf

松球和落叶

落叶实物大纸型、制作图

[制作方法] 按照纸型，将喜欢的颜色的不织布裁剪好。机缝做出叶脉（B、C），在 B 的一端用锥子打上孔，固定上 T 字针连接的木珠（红色）和圆环。按照图示，将不织布摆放好，用不织布专用黏合剂粘贴好。

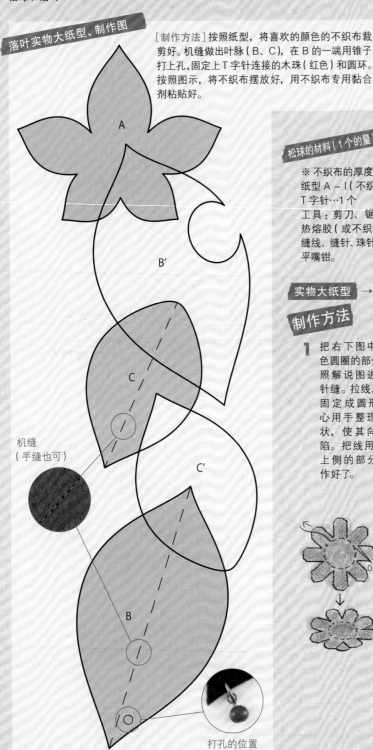

A

B'

C

机缝
（手缝也可）

C'

B

I

打孔的位置

不织布

① 纸型

②

③

松球的材料（1个的量）

※ 不织布的厚度均为 2mm
纸型 A ~ I（不织布）…各1片
T 字针…1个
工具：剪刀、锯齿剪刀、胶水、热熔胶（或不织布专用黏合剂）、缝线、缝针、珠针、锥子、尖嘴钳、平嘴钳。

实物大纸型 → **p.63**

point

建议不织布按照下述的顺序进行裁剪。
①用胶水把纸型粘贴到不织布上，剪成八边形。
②沿着纸型剪成"V"形。
③顶角裁剪之后，揭掉纸型。

memo

制作多个松球可用于圣诞节的装饰。松球安装上圆环和吊坠，可用于餐桌布的装饰。

## 制作方法

**1** 把右下图中带红色圆圈的部分，按照解说图进行平针缝。拉线，系紧，固定成圆形。中心用手整理成碗状，使其向下凹陷。把线用力拉，上侧的部分就制作好了。

**2** 从下面把花瓣按照 C ~ H 的顺序，分别用热熔胶粘贴起来。用不织布专用黏合剂粘贴的时候，用珠针固定，然后晾干。A、B 中心处用锥子打孔，从下面穿上 T 字针。把不织布花瓣一直穿到 T 字针的根部，把 A 闭合，用热熔胶黏合到一起。

**3** 把 A、B 用热熔胶粘贴到步骤 2 中重叠粘好 C ~ H 的上面。把 I 用热熔胶粘贴到最下面。用不织布专用黏合剂粘贴的时候，需要用珠针固定，然后晾干。

0.2cm

A
B
C
D
E
F
G
H
I

从侧面看的状态

# 23 松球书签
## 24 落叶书签

在秋天的长夜里，除了读书，还可做些书签来打发时间。
一边喝着暖暖的饮品，一边做着手工，是寒冷季节的享受方法之一。

作品的制作方法 ––– 落叶 = p.22、松球 = p.63
设计和制作：umico

# miniature rose

**迷你玫瑰**

直径 2 ~ 3cm 的迷你玫瑰，
把各种花瓣用不织布进行不同的裁剪，
可制作出各种各样的作品。

**实物大纸型** →**p.51**

## 材料（1 朵花的量）

叶子

里衬

花瓣

※ 不织布的厚度均为 1mm

| 不织布 | 花瓣…1 片 |
| | 叶子…1 片 |
| | 里衬：直径 2cm…1 片 |

工具：剪刀、胶水、不织布专用
黏合剂、镊子、长尾夹

**point**

把纸型贴到不织布上，连
纸型一起裁剪，这样比较
容易卷花瓣。用剪布剪刀
裁剪会不太整齐，建议使
用专用剪刀进行裁剪。

## memo

花瓣的裁剪方法不同，做出来的成品效果
也各不相同。裁剪成圆润的旋涡状的话，
可以做成圆圆的、可爱的花朵。在花芯上
粘贴上珠子，也很好看。

裁剪成带着尖角的旋涡状的话，会给人一
种棱角分明的感觉，更适合成年人。

裁剪成花边样式的旋涡状的话，看起来很
华美，更加适合女性。

## 制作方法

离中心比较近
的一边
（成为背面）

离中心比较远
的一边

**1** 使用镊子夹住如图所示的位置，卷裁剪
好的不织布，注意靠近中心的布边不要
卷得过高。卷 2 圈后，停下来，在花瓣
内侧涂上不织布专用黏合剂，防止卷好
的花瓣散开。

**point**

花的形状做好之
后还可以整理，
所以卷时不要太
用力。

（背面）

**2** 然后一直卷到最后。注意背面的高度不
要呈现凹凸不平。

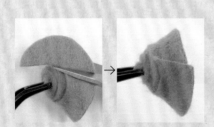

**3** 卷到最后时，斜着裁剪掉多余的不织布，
然后用不织布专用黏合剂粘贴固定。

**4** 翻到正面，用镊子把花瓣中心捏住，防
止花卷散开，用力重新卷好。这样整体
卷得比较均匀，比较整齐。整理完花的
形状后，把步骤 **3** 中粘贴的结尾处重
新粘贴整理。

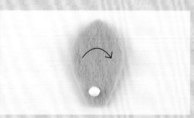

**5** 在叶基涂上黏合剂，竖着对折。

**6** 用长尾夹固定住叶基，只需把叶基黏合
到一起，然后晾干。

**7** 叶子晾干之后粘贴到花的背面，为了使
底部平整，裁剪掉多余的叶子。

**8** 贴上不织布里衬，整理其形状，裁剪掉
多余的部分。

# 25

迷你玫瑰花笔

把丝带和迷你玫瑰花装饰到圆珠笔上，非常可爱。
可用于婚礼或者展览会，作为送给客人的礼物。
每天用这样的笔来写日记，心情也是相当愉快的。

作品的制作方法 --- p.50
设计和制作：Hitomi Inoue

# dandelion

**蒲公英**
叶子呈现锯齿形，宛如狮子的牙齿。
所以又被称为"狮子牙"。
我们经常会看到身边到处盛开的蒲公英，可爱又有生机。

材料（带叶子的1朵花的量）

叶子实物大纸型 → **p.53**

※ 不织布的厚度均为1mm

不织布：
花瓣：20cm×4cm…1片
里衬：直径3cm…1片
叶子1：1片
叶子2：12cm×5.5cm…1片

工具：剪刀、锯齿剪刀、胶水、不织布专用黏合剂、珠针、缝线、缝针

point

叶子1沿着纸型裁剪轮廓之后，对折，沿着剪口位置，剪牙口。

memo

不粘贴叶子，直接把发夹的金属部分安装到花上，简单易做，又非常可爱。

安装椭圆形按夹时，先不需要粘贴步骤**4**中的不织布里衬，先固定椭圆形按夹。
详细制作方法→ **p.53**

## 制作方法

对折线

**1** 把花瓣用的不织布竖着对折，为防止散开，用珠针固定。

0.5cm
对折线
0.3cm

**2** 如图所示，珠针固定的一侧留有0.5cm，有对折线的一侧等间隔裁剪，每个间隔0.3cm。从珠针固定的一侧的端头开始卷，注意高度一致。卷时不要太用力，注意内侧与外侧不要错开了，一边整理一边慢慢地卷比较好。

针孔

**3** 卷完之后，从4个方向用珠针固定。底部呈放射状，缝住使其固定。因为不织布变厚了，所以在中心出针、入针，对角缝制。注意针脚不要太明显。

**4** 不织布里衬用锯齿剪刀裁剪之后，用不织布专用黏合剂粘贴到花的背面。

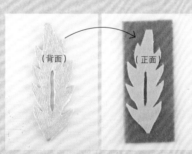

（背面）　（正面）

**5** 在叶子1的背面涂上不织布专用黏合剂，粘贴到叶子2上。

**6** 在不织布专用黏合剂晾干之前，沿着叶子1的轮廓，裁剪叶子2。

**7** 把叶子1放在上面，然后两片叶子对折，从牙口处可以看见叶子颜色不同，然后直接晾干。

**8** 在叶基涂上不织布专用黏合剂，粘贴到花的背面。

## 26

### 蒲公英胸针

色彩亮丽的蒲公英胸针，适合母女同时佩戴，非常可爱。
大胆尝试带叶子的蒲公英装饰品，
会有意想不到的效果。

作品的制作方法 --- p.53
设计和制作：PieniSieni

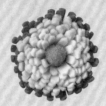

# daisy

雏菊

花语：**明朗、天真**

生机勃勃的雏菊。
任意色彩均可自由组合搭配，都会非常漂亮。

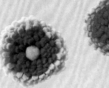

## 材料（1 朵花的量）

里衬

花瓣 1

花瓣 2

花瓣 3

※ 不织布的厚度均为1mm

不织布
花瓣 1：2cm×20cm…1 片
花瓣 2：2cm×20cm…1 片
花瓣 3：2cm×20cm…1 片
里衬：直径 4cm…1 片

花芯：直径 8mm 毛绒球…1 个

工具：剪刀、锯齿剪刀（宽 5mm）、胶水、不织布专用黏合剂、珠针、缝线、缝针。

## 雏菊心形礼物盒

**memo**

27

增加花瓣数量后，花朵会变得大一些。大朵的花可以装饰到包装盒或者储物盒上。

**作品的制作方法→ p.64**

## 制作方法

**1** 把花瓣 1～3 长的一边用锯齿剪刀裁剪。

凹下折痕

剪牙口 0.5cm

**2** 如图所示，未裁剪的长的一边留出 0.5cm，把锯齿的凹下折痕处对齐，剪牙口。

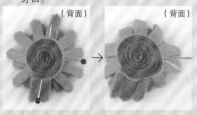

（背面）　（背面）

**3** 把未裁剪的长的一边对齐，从花瓣 1 的一端开始卷，注意高度一致。卷完之后用珠针固定，底部呈放射状，缝住使其固定。因为不织布变厚了，所以在中心出针、入针之后，再缝就容易点。

**4** 在四周卷上花瓣 2，注意底部高度一致。卷完之后和步骤 **3** 一样用珠针固定。将花瓣 2 与花瓣 1 一起缝住固定。

**5** 同步骤 **4**，把花瓣 3 卷到步骤 **4** 的外侧，缝住固定。

（背面）　（正面）

**6** 不织布里衬的四周用锯齿剪刀裁剪之后粘贴到花的背面。然后把花朵翻到正面，中心处贴上毛绒球。

各种色彩搭配组合而成的雏菊，从侧面看宛如碗状，好看极了。卷时注意均衡，牢固缝紧，这样做出来才会漂亮。

制作 p.29 的雏菊发夹时，背面不需要不织布里衬，直接把花朵粘贴到金属发夹上。用黏合剂或者热熔胶，使其固定。

## 28

### 雏菊发夹

像日式点心的毛绒球搭配上可爱的3种颜色的雏菊花瓣,制作而成的雏菊发夹。
有非常深的颜色，也有非常明亮的色彩。

作品的制作方法 ——— p.28、材料 ——— p.64
设计和制作：PieniSieni

# dahlia

大丽花

花语：华丽

大丽花在夏季前后陆续开放。

大丽花的特点就是花瓣比较大。

实物大纸型 → **p.54**

**材料（1 朵花的量）**

花瓣 1
底座
花瓣 2
花瓣 3

※ 不织布的厚度均为 1mm

不织布　花瓣 1…8 片
　　　　花瓣 2…8 片
　　　　花瓣 3…1 片
　　　　底座…1 片

花芯：直径 1.2mm 纽扣…1 颗

工具：剪刀、胶水、不织布专用黏合剂、强力型手工用黏合剂、长尾夹

p.31 作品的材料 ＝2 朵花、礼物盒

实物大纸型 → **p.54**

**memo**

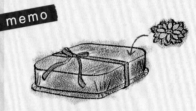

把大丽花粘贴到礼物盒上作装饰，要用强力双面胶。如果担心花瓣容易脱落散开，可把花瓣缝住固定到丝带上，再进行包装，也会很精致。

**制作方法**

**point**

②揭下剩余顶端的纸型
①涂上不织布专用黏合剂

沿着纸型的轮廓裁剪不织布之后，只裁剪花瓣型，把花瓣底部的纸型揭掉。涂上不织布专用黏合剂之后揭掉顶端剩余的部分的纸型，这样不织布专用黏合剂就不会溢出。

**1** 在花瓣 1、2 的叶基涂上不织布专用黏合剂。

**2** 把花瓣 1、2 竖着对折，用长尾夹夹住叶基涂有不织布专用黏合剂的部分，固定使其干燥。然后各做 8 片。

**3** 确认底座的中心和对角线（可用铅笔画上）。底座涂上不织布专用黏合剂，对角线贴上花瓣 2。把花瓣的叶基和底座的中心对齐粘贴。

**4** 粘贴完 8 片花瓣后的状态。在不织布专用黏合剂晾干之前整理其形状和花瓣朝向。

**5** 在第 1 层花瓣的中心处涂上直径 2cm 的不织布专用黏合剂，和第 1 层花瓣交叉错开，把 8 片花瓣 1 粘贴上。

**6** 在底座的背面涂上不织布专用黏合剂，把花瓣 2、3 交叉错开粘贴，贴到花瓣 3 上。

轻盈华丽的大丽花。按照纸型制作，成品大概是直径 6cm。用于胸针、头箍、发绳，大小刚刚好。

**7** 在中心处用强力型手工用黏合剂把当作花芯的纽扣粘贴上。

不织布专用黏合剂

花瓣 3

**29**

**30**

# 29 30

## 大丽花礼物装饰

把手工制作的大丽花装饰到礼物盒上，非常漂亮。
即使是空盒子，装饰上大丽花，作为房间装饰也是很别致的。

作品的制作方法 --- p.30
设计和制作 : Hitomi Inoue

# hydrangea

**绣球花**
**花语：活泼的女孩**
也有其他各种花语。自由搭配颜色、
自由组合，制作出的作品都非常完美。

**材料（1 朵花的量）**

花瓣
底座

※ 不织布的厚度均为 1mm
不织布：
　底座：1 片
　花瓣：2cm×2cm…约 20 片
　里衬（如需要）：直径 4cm…1 片
花芯：小串珠…适量
工具：剪刀、胶水、记号笔、不织布专用黏合剂、
缝线、缝针、填充棉、锥子、珠针

**底座实物大纸型** → **p.57**

**花瓣实物大纸型**

**point** 按照下述顺序进行裁剪，比采用纸型还快、还方便。

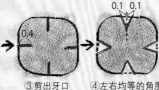

①把角剪去2cm　②把角剪成圆形　③剪出牙口　④左右均等的角度剪V形牙口

## 制作方法

**1** 按照纸型（或者按照上述的顺序）裁剪
花瓣。裁剪 16 片，完成后直径约为 5.5cm
（参照步骤 **8**）。根据成品大小可调整花
瓣的数量。

**2** 在底座的中心，用记号笔画个直径 5cm
的圆。然后如图从四周到圆形，每 45°
剪出牙口。建议首先十字形剪出牙口，
然后再剪入，比较容易裁剪。牙口左右
均等的角度剪成 V 形。

**3** 沿着步骤 **2** 画的圆把花瓣和花芯小串
珠缝上固定。每缝完一片花瓣，不需要
剪线，继续缝制即可。从四周向内侧缝，
可做出漂亮的圆形。

（背面）

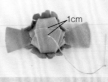

**4** 把花朝向背面，把①～③的牙口按顺序
叠起来，缝住固定。

**5** 中间放入填充棉，把剩余的部分叠上，
固定缝合。

**6** 背面如果能看见作品
时，需要用不织布专
用黏合剂粘贴上不织
布里衬。

**point**
制作 p.33 的胸针
时，把胸针安装到
不织布里衬上，再
粘贴。胸针的安装
方法参照 p.57。

**point**
把小串珠固定到花瓣上，尽量多做些。
如果调整作品大小时会用到，
用热熔胶固定到底座上即可。制作
时，可参照 p.33 的作品注意颜色的
均衡。

**7** 为了使不织布里衬的边缘不外翘，可用
珠针固定，晾干。

**8** 用手整理成圆形。

## 绣球花装饰小物件

**memo** **31 32**

在花与里衬不织
布之间，放入蕾
丝或者丝带，制
作而成的装饰品。
可用于钥匙或者
提包的装饰。也可
放入百花香代替
填充棉，可制作
成香囊。
**作品的制作方法**
→ **p.66**

**33**

**34**

# 33 34

## 绣球花胸针

刚开放的绣球花，颜色发生变化的绣球花等。
变化多端、色彩丰富的绣球花，
可制作成装饰衣服的小物件。
用途广泛，美丽精致。

作品的制作方法 --- p.56
设计和制作：PieniSieni

# rose

玫瑰

即使是普通的不织布制作出来的玫瑰装饰品,也会有一种高贵的气息。

实物大纸型
→ **p.59**

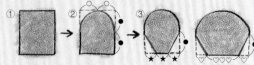

## point

裁剪大量纸型很费事,建议按照下述顺序进行裁剪。①裁剪成长方形(最内侧的花瓣)或者正方形(外侧的花瓣)。②如图上半部分左右对称,剪成圆形。③如图下半部分剪成三角形。把长方形花瓣的底边3等分,剪细。正方形花瓣的底边进行5等分,剪去两端。

**材料(5朵花的量)**

花瓣1
花瓣2
花瓣3
花瓣4
花瓣5

※ 不织布的厚度均为1mm

不织布
花瓣1:2.5cm×2cm(纸型A)…4片
花瓣2:3cm×3cm(纸型B)…4片
花瓣3:3.5cm×3.5cm(纸型C)…5片
花瓣4:4cm×4cm(纸型D)…5片
花瓣5:4.5cm×4.5cm(纸型E)…6片
工具:剪刀、胶水、缝线、缝针

**memo**

花瓣的层数可改变花朵的大小。5层花制作而成的作品,直径约为9cm。只需要把花瓣重叠就可做成不同的玫瑰花装饰品,可用于围巾、毛衣、胸针等日常装饰品。

## 制作方法

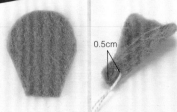

0.5cm

**1** 按照纸型裁剪花瓣1。把1片花瓣竖着对折,花瓣基部缝住固定。

**2** 把另一片花瓣缝到步骤**1**中缝好花瓣的外侧,缝住固定。

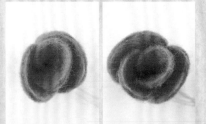

**3** 按照步骤**2**的方法,把4片花瓣全缝到花瓣1上,固定好。

0.5cm
0.5cm

**4** 把按照纸型裁剪好的花瓣2,以0.5cm错开重叠到一起,用步骤**3**中的线,不剪断,缝住花瓣基部。一边拉线,一边把花瓣2卷到花瓣1的四周,用手整理一下形状。

0.5cm 0.7~1cm (背面)

**5** 把花瓣3错开0.7~1cm重叠到一起,按照步骤**4**的方法,缝到一起,卷到花瓣2的四周。整理其形状,把花瓣1~3呈放射状缝到花瓣基部,牢牢固定。

**6** 从正面看到的状态。

**7** 按照步骤**5**的方法,卷花瓣4,缝到根部。错开花瓣大概间隔0.7~1cm,和内侧的花瓣交叉。

**8** 然后把花瓣5按照上述方法卷上,缝到花瓣基部固定。系好后,剪线。把线头从内侧拉出处理。

## point

从侧面看的状态,形状像一个梯形。注意根部高度一致,使其平整。

花瓣基部呈放射状缝住固定。当不织布重叠时,从中心出针、入针,比较容易缝制。

# 35 36 37 38

## 玫瑰胸针

根据卷的层数决定花朵的大小，简单易做的玫瑰胸针。作品 **37** 的直径是 5.5cm。
再卷 3 层花，就变成作品 **35** 了，直径为 15cm。
根据用途，制作相应大小的玫瑰胸针吧！

作品的制作方法 --- p.58
设计和制作：PieniSieni

# snowball

**雪球花**
花语：誓言
簇拥在一起的小花绽放成一朵朵
宛如雪球的大花。

## 材料（1朵花的量）

花瓣

※ 不织布的厚度均为1mm
※ 为了制作步骤清晰，使用
5种颜色的不织布
花瓣：纸型A（不织布）…5
片
花芯：直径6mm串珠…5颗
工具：剪刀、胶水、热熔胶（或
不织布专用黏合剂）、缝线、
缝针、长尾夹

### 实物大纸型

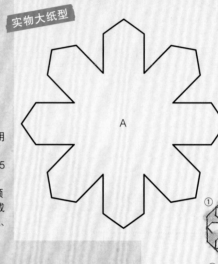

A

### point

按照以下顺序进行裁剪，会
更加顺利。①如图把纸型
的顶点剪成八边形。②沿
着纸型，裁剪成V形。③
顶角剪掉，揭掉纸型。

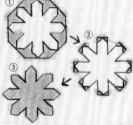

## 制作方法

**1** 把花瓣斜着对折。使上下花瓣交叉错开
重叠到一起。

从上面看的状态。能看见
5片花瓣中的3片花瓣。

**2** 把步骤1的★处对齐，然后再对折，用
热熔胶把花瓣基部粘贴固定。之后用长
尾夹夹住固定其形状。

**3** 把当作花芯的串珠缝到（也可用热熔胶
固定）中心。

对折线　对折线
对折线　对折线

**4** 剩下的4片花瓣按照同样的方法制作。
4片花瓣的朝向要一致，如图用热熔胶
黏合到一起。

**5** 上面再粘贴1片花瓣。

### point

从侧面看的状态。整理成漂亮的圆形。步骤5中放
的花瓣高度过高时，可把花瓣基部裁剪掉。

### memo

p.37的作品可结合
宝宝的头围，把剪
好的松紧带粘贴到
花的背面，用直径
2.5cm的不织布（四
周用锯齿剪刀裁剪）
进行制作。

2.5

当制作比较宽点的
纱布头饰时，装饰
2～3朵花会比较
可爱。直接接触皮
肤的部分不用不织
布专用黏合剂，用
缝线固定比较好。

把花缝到丝带上，
做成手腕花。颜色
不同，给人的感觉
也不同。和婴儿发
带使用相同颜色的
花，做成成套的装
饰品佩戴，肯定非
常可爱。

# 39 40

## 雪球花婴儿发带

柔软的不织布，非常适合制作宝宝佩戴的饰品。
用这些柔软的素材制作的手工饰品，也非常适合妈妈佩戴。

作品的制作方法 --- p.36
设计和制作：umico

# early rose

**鸡冠花**

日语中叫"早玫瑰"。
相同形状的不织布像拼图板一样叠放、组合，
制作出各种各样的花朵。

 **a**  **b**  **c**

**a、c 花瓣实物大纸型** → **p.73**　※ 除指定以外，不织布厚度均为 2mm　工具：剪刀、胶水、不织布专用黏合剂、黏合剂、热熔胶

## a

**材料**　※ 不织布的厚度均为 1mm
花瓣：不织布直径为 6cm…7 片
花芯：珠光花芯…适量

**制作方法**

**1** 把花瓣用的不织布对折。

**2** 步骤 **1** 对折的花瓣如图 3 等分，进行蛇腹折，用不织布专用黏合剂粘贴花瓣基部。

1.5cm

**3** 把珠光花芯的茎剪成 1.5cm，底部用热熔胶固定，然后插入步骤 **2** 折叠的花瓣中，用热熔胶固定。按照相同的方法制作 7 片。

**4** 把 6 片花瓣排列成圆形，整理花瓣朝向，成为底部的部分用热熔胶固定。建议先用 3 片做成半圆形，然后把 2 个半圆形黏合到一起，可能会更方便制作。

**5** 剩下的 1 片花瓣插入步骤 **4** 的最上面，用热熔胶固定。从上面看，是非常漂亮的圆形，调整花瓣的高度，裁剪掉根部。

## b

**材料**　花瓣：不织布 5cm×5cm…5 片
花芯：珠光花芯…适量

**制作方法**

0.5cm
0.5cm
0.5cm
0.5cm

**1** 把花瓣用的不织布如图斜着折叠。

**2** 把步骤 **1** 中的★与★、☆与☆重叠对折，用不织布专用黏合剂固定花瓣基部。和 **a–3** 一样用热熔胶固定的珠光花芯插入花瓣中间，固定。按照相同的方法制作 5 片。

对折线
对折线
对折线

**3** 把 4 片花瓣排列成菱形，整理花瓣朝向，成为底部的部分用热熔胶固定。注意对折线的折痕，有意识地做成菱形的对角线会更好看。

**4** 剩下的 1 片花瓣插入步骤 **3** 的最上面，用热熔胶固定。调整花瓣的高度，裁剪掉花瓣基部。

## c

**材料**　花瓣：不织布直径 6cm…5 片
花芯：不织布 3cm×3.5cm…1 片
装饰：直径 6cm 串珠…5 颗

**制作方法**

底部

**1** 把花瓣用的不织布如图对折 2 次。

串珠

**2** 步骤 **1** 中指示"底"的成为底部，中间★处的内侧涂不织布专用黏合剂，用长尾夹固定。在不织布专用黏合剂晾干之前，插入用黏合剂固定的串珠，固定。按照相同的方法制作 5 片。

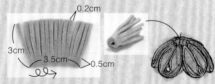
0.2cm
3cm
3.5cm
0.5cm

**3** 花芯用的不织布如图剪出牙口，从一端开始卷。卷完之后花瓣基部用不织布专用黏合剂固定。把 5 片花瓣排列成直径 6.5cm 的圆形，用热熔胶固定。把芯插进中心，用热熔胶固定。

**memo**

背面，贴上 3～4cm 的不织布，会显得更漂亮。制作 p.39 的鸡冠花饰品时，需要把胸针安装到不织布里衬上再粘贴。胸针的安装方法参照 p.57。

41 42 43 44

# 41 42 43 44

## 鸡冠花饰品

只需把几片不织布重叠做成圆形的鸡冠花。
挑选深颜色的厚不织布，制作成比较精致的饰品。

作品的制作方法 --- p.38、材料 --- p.73
设计和制作：umico

# carnation

康乃馨

花语：热情

20世纪初美国就有把康乃馨送给母亲的习俗了。

重叠的花瓣制作而成美丽的康乃馨，除了常见的红色，其他颜色也是可以的。

花瓣实物大纸型

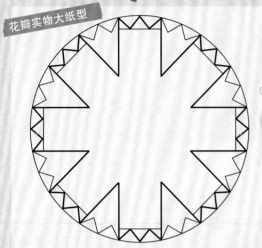

point

把花瓣用的不织布剪成直径6cm的圆形，四周用锯齿剪刀裁剪，然后沿着纸型剪V形牙口。

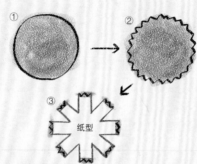

① → ②

③ 纸型

### 材料（带叶子的1朵花的量）

花瓣 ×6片

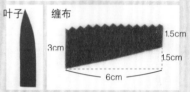

叶子　缠布

3cm　6cm　1.5cm　1.5cm

※不织布的厚度均为1mm

不织布：
花瓣：直径6cm…6片
叶子…1片
缠布3cm×6cm…1片

茎：长25cm铁丝（绿色）…5根

工具：剪刀、锯齿剪刀、胶水、不织布专用黏合剂、珠针、长尾夹、锥子

叶子实物大纸型 → **p.79**

## 制作方法

**1** 花瓣用不织布按照纸型进行裁剪。

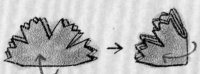

**2** 把剩余的4片花瓣分别重叠对折，再对折。

×5片

**3** 花瓣的V形对折处挂上铁丝，从花瓣基部开始扭着缠，固定。按照相同的方法，制作5片带铁丝的花瓣。

**4** 把4片带铁丝的花瓣排列成圆形，另外一片插入中间后，花瓣呈圆形展开。花瓣基部通过扭铁丝固定住。

**5** 剩余1片不带铁丝的花瓣的中心用锥子打孔。

**6** 在步骤5小孔的四周涂上不织布专用黏合剂，步骤4中5片带铁丝的花瓣穿过小孔，一直穿到花瓣基部，和带铁丝花瓣粘贴到一起，成为花的底部。

**7** 缠布斜着裁剪掉角后，长边用锯齿剪刀裁剪。之后宽的一端涂上不织布专用黏合剂，用锯齿剪刀裁剪的一边沿着花瓣基部，缠到茎上，用不织布专用黏合剂固定。等形状完全固定之后，再拔掉珠针。

**8** 叶基涂上不织布专用黏合剂，把花放上去，然后把叶基对折，连茎一起用长尾夹固定，晾干。

## 45

## 绽放的康乃馨

赠送花时，饱含谢意，一朵一朵亲自制作。
永远绽放的不织布花朵，隐藏在礼物里的谢意也将永远留在心底。

材料 --- p.40
设计和制作：PieniSieni

# 在特别的日子里佩戴的各种小物件

## 46

### 四照花手套装饰

简单的手套搭配上花朵装饰，有种节日的气氛。
把花朵缝到蕾丝上的装饰品，也可用于衣服的袖口装饰。

作品的制作方法 --- p.68
设计和制作：umico

把不织布的花朵缝到
蕾丝上制作而成的装
饰品。配色、组合搭
配都值得愉快地尝试
一下哦！

# 47 八重樱装饰领
# 48 鸡冠花胸针

节日出门必选的一款上档次的装饰品。
厚不织布层层重叠,搭配时尚素材制作而成。

花朵的制作方法 --- 参照 p.20、38
作品的制作方法 --- p.70
设计和制作:umico

# 49 50

## 鸡冠花装饰托盘

不织布的四角带有按扣的装饰托盘。
展开，用于旅行非常方便。也可作为首饰收纳盘，
放戒指、项链等，以防丢失。

花朵的制作方法 --- 参照 p.38
作品的制作方法 --- p.72
设计和制作：umico

作为底座的不织布
四角通过按扣组合。

## 51

### 迷你花束饰品

掌握了不织布花朵的基础制作方法之后，
几朵花组合到一起就成了花束。
铁丝做的茎用花艺胶带缠起来比较好看。

作品的制作方法 --- p.74
设计和制作：PieniSieni

# 52 53

## 野玫瑰礼物装饰

把丝带和花朵贴到礼物盒上即可。
花朵和丝带的颜色、花芯的种类均可自由组合搭配，
多样的组合，不一样的感觉。根据赠送的对象，需要花点时间去搭配组合。

花朵的制作方法 ――― 参照 p.20
作品的制作方法 ――― p.67
设计和制作：umico

可改变花瓣的颜色、花芯的种类。
也可在背面安装上胸针，作为装
饰品来使用。

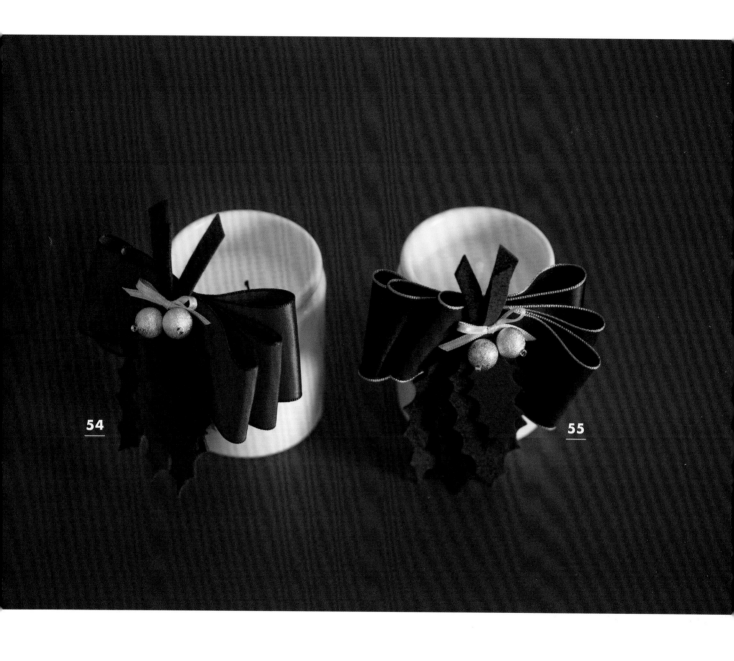

## 54 55

### 刺叶桂花圣诞节装饰

在西方社会圣诞节是一年当中最隆重的一件事。
圣诞节的装饰自然必不可少，4片叶子的色调需要暗色系。
搭配鲜艳的圣诞节饰物，可制作出不一样的效果。

作品的制作方法 --- p.77
设计和制作：umico

# 56

## 康乃馨花束装饰

8 朵康乃馨组合而成的花束。
红色和粉红色均衡组合。
丝带也用不织布制作，比较协调。

花朵的制作方法 --- p.40
作品的制作方法 --- p.78
设计和制作：PieniSieni

# 作品的材料和
# 制作方法

● 制作当中，在没有特别说明的情况下，数字单位为厘米（cm）。

● 花朵花片的制作方法参照 p.18 ~ 40。

● 制作所需工具及材料参照 p.16 ~ 17。

● 材料上没有特别标记的情况下，均是 1 片、1 根。

● 不织布的厚度为大致的数字。

● 没有纸型的部分，按照制作方法里所示尺寸进行标记。

# 01 02 25    p.6、p.25    迷你玫瑰胸针、迷你玫瑰发绳、迷你玫瑰花笔

[材料] ※不织布的厚度均为 1mm

**01.迷你玫瑰胸针**
不织布…粉红色 9cm×9cm、绿色 2cm×1.5cm、浅绿色 2cm×1.5cm
其他…曲别针 1 个、9 字针 1 个、圆环 1 个、带珍珠的链子 8cm

**02.迷你玫瑰发绳**
不织布…粉红色 9cm×9cm、绿色 2cm×1.5cm、浅绿色 2cm×1.5cm
其他…带金属的橡皮筋 1 根

**25.迷你玫瑰花笔**
不织布…粉红色 20cm×20cm 2 片
其他…1cm 宽粉红色丝带 120cm（结合圆珠笔可调整长度）、1cm 宽
粉红色缎带 25cm、直径 5mm 人造宝石 11 颗、直径 1.3cm 亚克力宝
石 1 颗、圆帽 1 个（能插圆珠笔的带孔东西）、带笔帽的圆珠笔 1 支、
花艺胶带适量

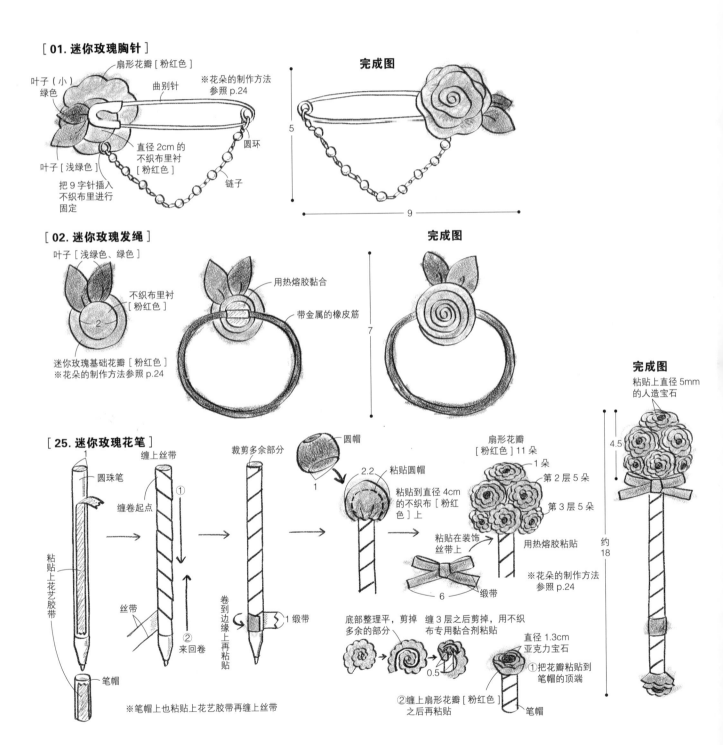

**[01.迷你玫瑰胸针]**
叶子（小）绿色
扇形花瓣 [粉红色]
曲别针
※花朵的制作方法参照 p.24
直径 2cm 的不织布里衬 [粉红色]
叶子 [浅绿色]
把 9 字针插入不织布里进行固定
圆环
链子

**完成图**
5
9

**[02.迷你玫瑰发绳]**
叶子 [浅绿色、绿色]
不织布里衬 [粉红色]
用热熔胶黏合
带金属的橡皮筋
迷你玫瑰基础花瓣 [粉红色]
※花朵的制作方法参照 p.24

**完成图**
7

**[25.迷你玫瑰花笔]**
缠上丝带
圆珠笔
缠卷起点
裁剪多余部分
圆帽
2.2
粘贴圆帽
粘贴到直径 4cm 的不织布 [粉红色] 上
扇形花瓣 [粉红色] 11 朵
1 朵
第 2 层 5 朵
第 3 层 5 朵
用热熔胶粘贴
粘贴在装饰丝带上
※花朵的制作方法参照 p.24
粘贴上花艺胶带
丝带
①
②
来回卷
卷到边缘上再粘贴
1 缎带
笔帽
6 缎带
※笔帽上也粘贴上花艺胶带再缠上丝带

底部整理平，剪掉多余的部分
缠 3 层之后剪掉，用不织布专用黏合剂粘贴
0.5
①把花瓣粘贴到笔帽的顶端
②缠上扇形花瓣 [粉红色] 之后再粘贴
直径 1.3cm 亚克力宝石
笔帽

**完成图**
粘贴上直径 5mm 的人造宝石
4.5
约 18

[制作方法] ※花朵的制作方法参照 p.24

**01、02**／制作迷你玫瑰，背面用热熔胶粘贴上曲别针或者带金属的橡皮筋。带珍珠的链子顶端串上圆环，装饰到曲别针上。另一端装上9字针，插到不织布里衬和花朵之间，粘贴固定。

**25**／制作11朵扇形花瓣。在圆珠笔上缠上丝带，缎带缠到边缘后用花艺胶带粘贴。把圆帽套到圆珠笔上粘贴固定，盖住不织布的碎布，整理成圆形，制作底座。把扇形花瓣用热熔胶粘贴到底座上，花瓣基部粘贴上装饰丝带。笔帽也同样缠上丝带之后顶端粘贴上亚克力宝石，然后四周卷上扇形花瓣，粘贴固定。

**迷你玫瑰实物大纸型**

※迷你玫瑰（小）用于 p.14 的作品

[ **通用 叶子** ]（小）

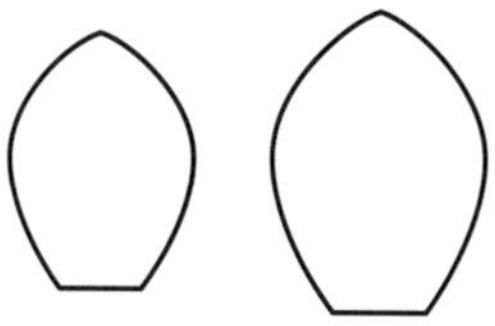

[ **基础花瓣** ]　（小）

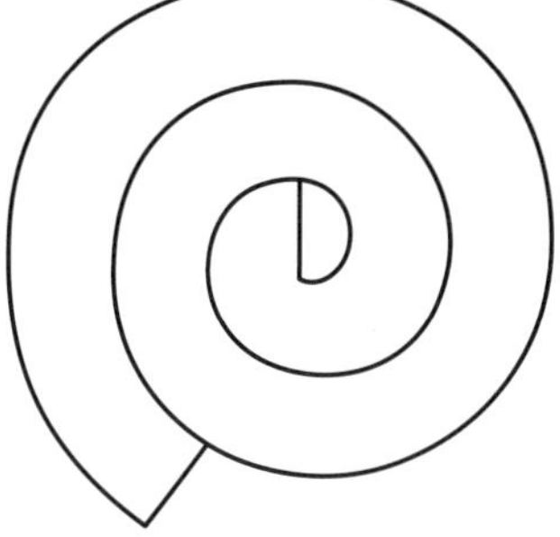

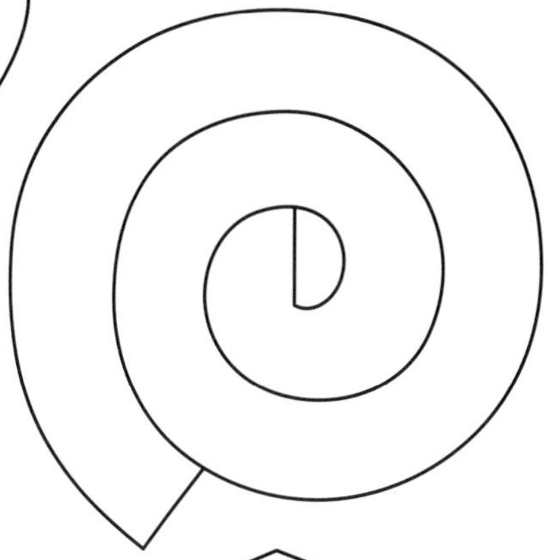

[ **带角花瓣** ]　（小）

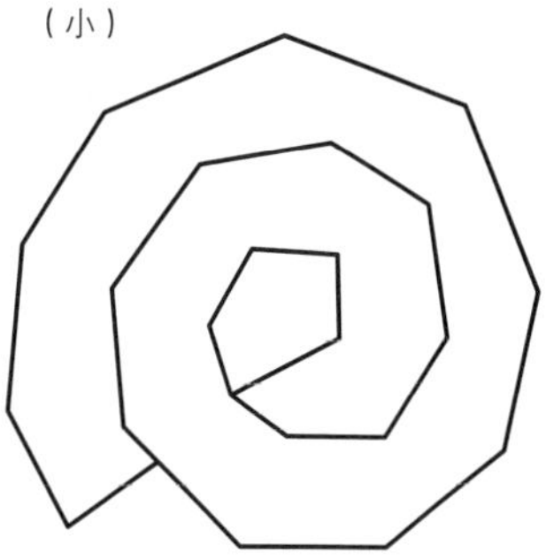

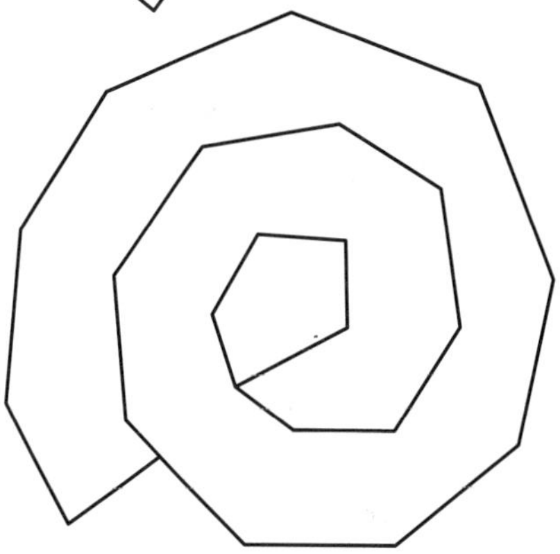

[ **扇形花瓣** ]　（小）

# 03 04 p.7 四叶草留言本

[材料] ※不织布的厚度均为1mm
不织布…（03）蓝色10cm×7cm、绿色4cm×4cm、黄绿色3cm×3cm
（04）橙色10cm×7cm、黄绿色4cm×4cm、浅黄色3cm×3cm
其他…（通用 1个的量）图画纸 黄色4.5cm×5cm、直径7mm人造宝石1颗、长12cm的波珠链1根

[制作方法]
把大、小四叶草重叠贴到前封面纸上，中心粘贴上人造宝石。在图画纸的边缘涂上不织布专用黏合剂，如图贴到后封面纸的内侧。把前、后封面重叠粘贴，左上角打孔，穿上波珠链。

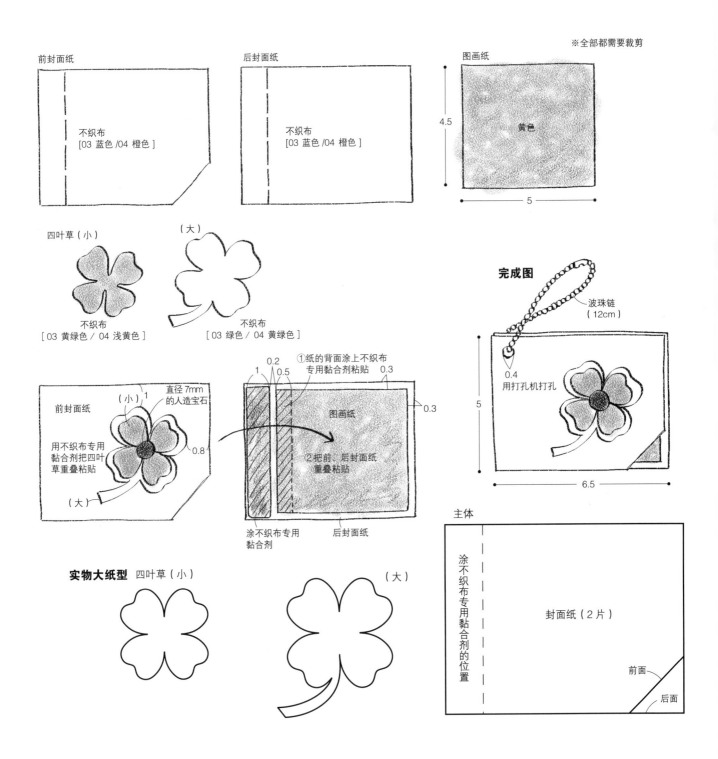

※全部都需要裁剪

前封面纸
不织布
[03 蓝色/04 橙色]

后封面纸
不织布
[03 蓝色/04 橙色]

图画纸
黄色
4.5
5

四叶草（小）
不织布
[03 黄绿色/04 浅黄色]

（大）
不织布
[03 绿色/04 黄绿色]

完成图
波珠链
（12cm）
0.4
用打孔机打孔
5
6.5

前封面纸
（小）
直径7mm的人造宝石
用不织布专用黏合剂把四叶草重叠粘贴
（大）
0.8

0.2
1　0.5
①纸的背面涂上不织布专用黏合剂粘贴　0.3
图画纸
0.3
②把前、后封面纸重叠粘贴
涂不织布专用黏合剂
后封面纸

实物大纸型 四叶草（小）
（大）

主体
涂不织布专用黏合剂的位置
封面纸（2片）
前面
后面

# 05 06 26    p.8、p.27    蒲公英发夹、蒲公英胸针

[材料] ※ 不织布的厚度均为 1mm

**05. 蒲公英发夹**
不织布…黄色 20cm×4cm、黄绿色 3cm×3cm
其他…长 7cm 的椭圆形按夹 1 个

**06. 蒲公英胸针**
不织布…黄色 20cm×4cm、黄绿色 3cm×3cm
其他…两用发夹 1 个

**26. 蒲公英胸针（1 朵花的量）**
不织布…黄色系（16 ~ 20）cm（根据花瓣大小可调整）×4cm、
黄绿色 3cm×3cm、绿色 2 色各 12cm×5.5cm（叶子 1 片的量）
其他…两用发夹 1 个

[制作方法] ※ 花朵、叶子的制作方法参照 p.26
**05**／参照 p.26 的步骤 1~3 制作蒲公英。在贴不织布里衬之前，在花的背面用热熔胶粘贴上椭圆形按夹。椭圆形按夹穿过不织布里衬，贴到花的背面。

**06、26**／制作蒲公英，不织布里衬上用热熔胶粘贴上两用发夹。

[ **05. 蒲公英发夹** ] ※花朵的制作方法参照 p.26

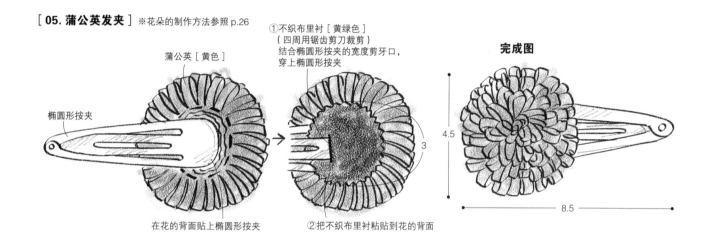

蒲公英［黄色］

椭圆形按夹

在花的背面贴上椭圆形按夹

①不织布里衬［黄绿色］
（四周用锯齿剪刀裁剪）
结合椭圆形按夹的宽度剪牙口，
穿上椭圆形按夹

②把不织布里衬粘贴到花的背面

3

**完成图**

4.5

8.5

[ **06、26. 蒲公英胸针** ] ※花朵的制作方法参照 p.26

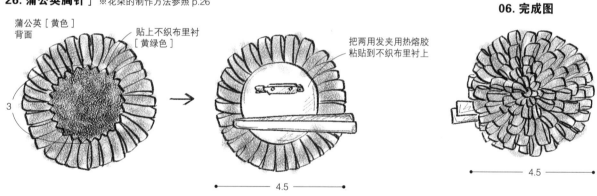

蒲公英［黄色］
背面

贴上不织布里衬
［黄绿色］

3

把两用发夹用热熔胶
粘贴到不织布里衬上

4.5

**06. 完成图**

4.5

**叶子实物大纸型**

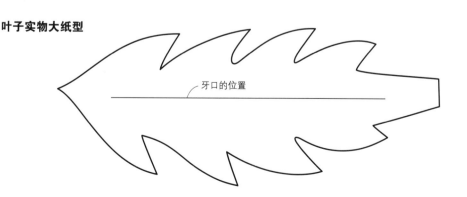

牙口的位置

# 07　p.9　大丽花鞋饰

[材料]（2 朵花的量）※ 不织布的厚度均为 1mm
不织布…淡蓝色 14cm×7cm、紫色 18cm×16cm、黄绿色 18cm×8cm
其他…直径 1.2cm 纽扣 2 颗、金属鞋夹 2 个

[制作方法]　※ 花朵的制作方法参照 p.30
制作大丽花，在背面用热熔胶粘贴上金属鞋夹。

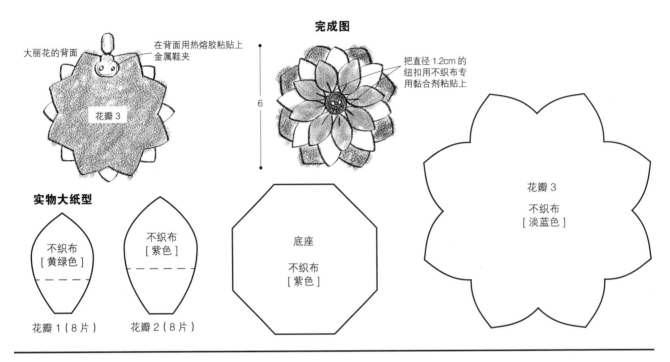

大丽花的背面

在背面用热熔胶粘贴上金属鞋夹

花瓣 3

**完成图**

把直径 1.2cm 的纽扣用不织布专用黏合剂粘贴上

6

**实物大纸型**

不织布[黄绿色]
花瓣 1（8 片）

不织布[紫色]
花瓣 2（8 片）

底座
不织布[紫色]

花瓣 3
不织布[淡蓝色]

---

# 08　p.10　一品红餐布环

[材料]（1 个的量）
※ 除指定以外，不织布的厚度均为 1mm（全用 1mm 的也可以）
厚不织布…浅米色 20cm×4.5cm
不织布…绿色 8cm×8cm、浅米色 6cm×6cm
不织布（厚 2mm）…米色 15cm×5cm
其他…直径 8mm 三种颜色的有脚纽扣各 1 颗

[制作方法]　※ 花朵的制作方法参照 p.20
把叶子重叠缝到带子的中心处。参照 p.20 把花瓣（大）1 片和花瓣（小）2 片，按顺序重叠摆放，然后在其上面重叠立体摆放缝好的花瓣（小）。把 3 颗有脚纽扣缝到花的中心处。然后把做成的花用热熔胶粘贴到叶子上。

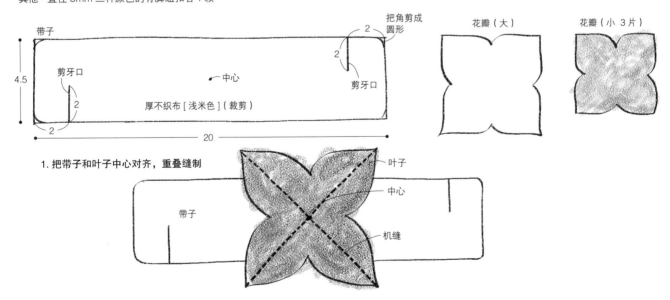

带子

把角剪成圆形
2
2

剪牙口

中心

剪牙口

4.5

剪牙口
2

厚不织布[浅米色]（裁剪）

2

20

花瓣（大）

花瓣（小 3 片）

1. 把带子和叶子中心对齐，重叠缝制

带子

叶子

中心

机缝

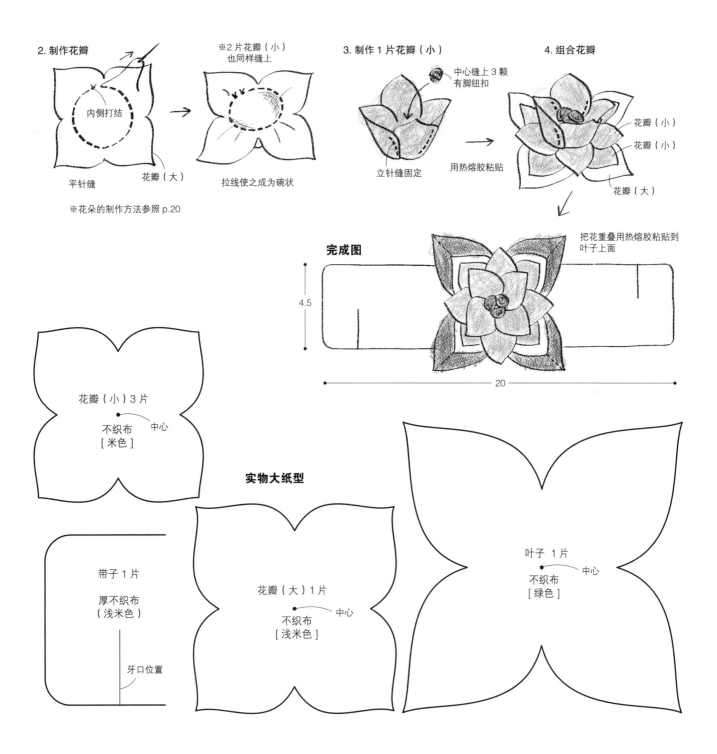

2. 制作花瓣

内侧打结

平针缝　　花瓣（大）

※花朵的制作方法参照 p.20

※2片花瓣（小）
也同样缝上

拉线使之成为碗状

3. 制作1片花瓣（小）

中心缝上3颗
有脚纽扣

立针缝固定　用热熔胶粘贴

4. 组合花瓣

花瓣（小）
花瓣（小）
花瓣（大）

完成图

把花重叠用热熔胶粘贴到
叶子上面

4.5

20

花瓣（小）3片

不织布
[米色]　中心

实物大纸型

带子 1片

厚不织布
（浅米色）

牙口位置

花瓣（大）1片

不织布
[浅米色]　中心

叶子 1片

不织布
[绿色]　中心

# 09 10 11 33 34   p.11、p.33   绣球花手链、绣球花胸针、绣球花耳环

[材料] ※ 不织布的厚度均为 1mm

**09. 绣球花手链**
不织布…绿色 18cm×3.5cm、24 色各 2cm×2cm ( 根据自己的喜好配色，同色 2 片以上也可以 )
其他…圆形小串珠 24 颗、1.5cm 宽的缎带淡蓝色 63cm

**10. 绣球花胸针**
不织布…绿色 16cm×12cm、21 色各 2cm×2cm ( 根据自己的喜好配色，同色 2 片以上也可以 )
其他…圆形小串珠 21 颗、胸针 1 个、填充棉适量

**11. 绣球花耳环** ( 1 对 )
不织布…淡蓝色、粉红色、浅绿色各 4cm×2cm，绿色 6cm×3cm
其他…圆形小串珠 6 颗、耳环金属 1 对

**33、34. 绣球花胸针** ( 1 个的量 ))
不织布…黄绿色 16cm×12cm、蓝色、绿色各 2cm×21cm  21 片
其他…圆形小串珠 21 颗、胸针 1 个、填充棉适量

[ 09. 绣球花手链 ]

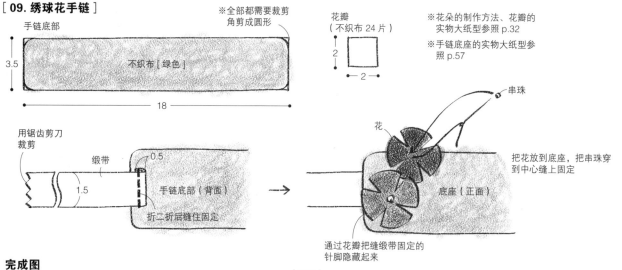

※全部都需要裁剪角剪成圆形
手链底部
3.5　不织布 [ 绿色 ]
18

花瓣（不织布 24 片）
2 ── 2 ──

※花朵的制作方法、花瓣的实物大纸型参照 p.32
※手链底座的实物大纸型参照 p.57

用锯齿剪刀裁剪
缎带　0.5
1.5　手链底部 ( 背面 )
折二折后缝住固定

串珠
花
把花放到底座，把串珠穿到中心缝上固定
底座 ( 正面 )
通过花瓣把缝缎带固定的针脚隐藏起来

**完成图**

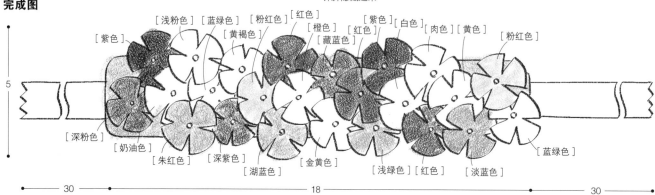

[浅粉色] [蓝绿色] [粉红色] [红色] [紫色] [白色] [肉色] [黄色]
[紫色] [黄褐色] [橙色] [红色] [粉红色]
[藏蓝色]
5
[深粉色] [奶油色] [朱红色] [深紫色] [湖蓝色] [金黄色] [浅绿色] [红色] [淡蓝色] [蓝绿色]
30　─　18　─　30

[ 11. 绣球花耳环 ]

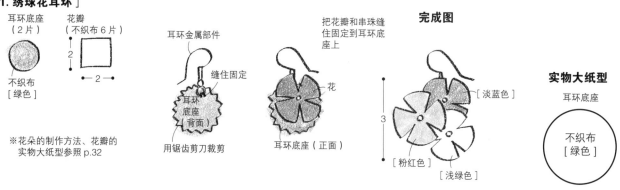

耳环底座（ 2 片）
不织布 [ 绿色 ]

花瓣（不织布 6 片）
2 ── 2 ──

※花朵的制作方法、花瓣的实物大纸型参照 p.32

耳环金属部件
缝住固定
耳环底座背面
用锯齿剪刀裁剪

把花瓣和串珠缝住固定到耳环底座上
花
耳环底座 ( 正面 )

**完成图**
[淡蓝色]
3
[粉红色]
[浅绿色]

**实物大纸型**
耳环底座
不织布 [ 绿色 ]

[制作方法] ※花朵的制作方法、花瓣的实物大纸型参照 p.32
**09**／制作 24 朵绣球花花瓣。底座的两端缝上缎带，把花瓣和串珠一起缝住固定，均匀地遮盖住底座。
**10、33、34**／参照 p.32。把安装有胸针的底座，用不织布专用黏合剂贴到花的背面。
**11**／制作 6 朵绣球花花瓣。把耳环金属部件缝住固定到耳环底座的背面。正面缝上花瓣和串珠。

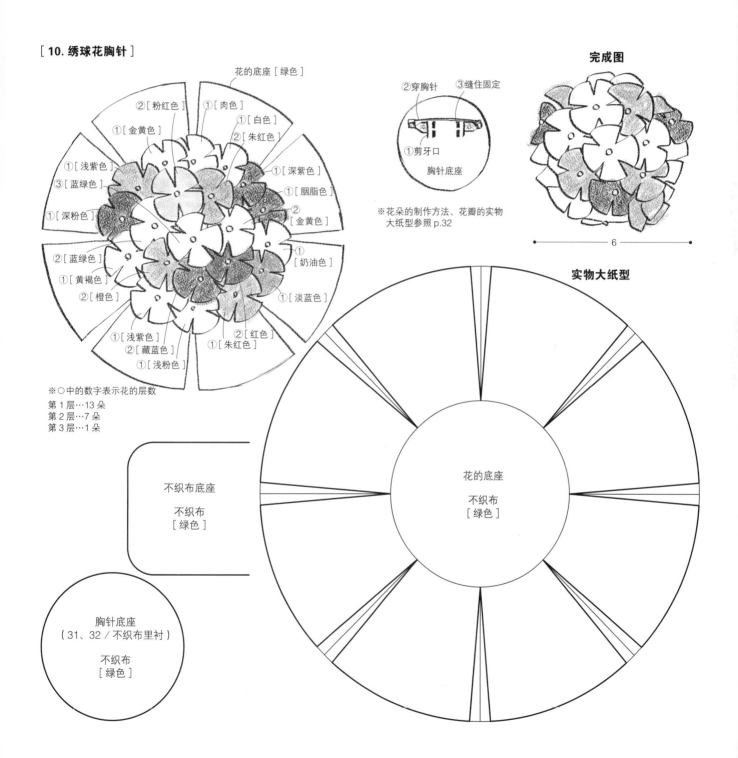

**［10. 绣球花胸针］**

花的底座［绿色］

②［粉红色］　①［肉色］
①［金黄色］　①［白色］
　　　　②［朱红色］
①［浅紫色］
③［蓝绿色］　　　①［深紫色］
①［深粉色］　　　①［胭脂色］
　　　　　　　　②［金黄色］
②［蓝绿色］
①［黄褐色］　　　①［奶油色］
②［橙色］　　　①［淡蓝色］
　　①［浅紫色］　②［红色］
　②［藏蓝色］　①［朱红色］
　　①［浅粉色］

※○中的数字表示花的层数
第 1 层…13 朵
第 2 层…7 朵
第 3 层…1 朵

②穿胸针　③缝住固定
①剪牙口
胸针底座

※花朵的制作方法、花瓣的实物大纸型参照 p.32

**完成图**

— 6 —

**实物大纸型**

不织布底座
不织布
［绿色］

花的底座
不织布
［绿色］

胸针底座
（31、32／不织布里衬）
不织布
［绿色］

# 12 ~ 16 35 ~ 38  p.12、p.35  玫瑰胸针

[材料] ※ 不织布的厚度均为1mm

**12.** 不织布…深粉红色5cm×4cm、粉红色14cm×12cm、浅粉红色12cm×8cm

**13.** 不织布…黄褐色 5cm×4cm、黄色 6cm×6cm、浅黄色 11cm×7cm

**14.** 不织布…红色 5cm×4cm、朱红色 14cm×12cm、橙色 12cm×8cm

**15.** 不织布…藏蓝色 5cm×4cm、蓝色 6cm×6cm、浅蓝色 11cm×7cm

**16.** 不织布…黄褐色11cm×6cm、黄色12cm×16cm、浅黄色20cm×20cm

**35.** 不织布…深粉红色 11cm×6cm、粉红色 12cm×16cm、浅粉红色 20cm×20cm、蓝色 10cm×18cm、茶色 15cm×18cm

**36.** 不织布…深红色 11cm×6cm、浅红色 12cm×16cm、朱红色 20cm×20cm

**37.** 不织布…深粉红色5cm×4cm、粉红色6cm×6cm、浅粉红色11cm×7cm

**38.** 不织布…藏蓝色 5cm×4cm、蓝色 13cm×7cm、浅蓝色 12cm×8cm

〈通用〉胸针底座用不织布…3cm×3cm（小、中）/4cm×4cm（大）、胸针 1 个

## [ 12 ~ 18、35 ~ 38 玫瑰胸针 ] 材料表  ※均为不织布

| 作品 | 尺寸 | 纸型A 4片 | B 4片 | C 5片 | D 5片 | E 6片 | F 8片 | 叶子正面3片 | 叶子背面3片 | 胸针底座 | 不织布里衬 |
|---|---|---|---|---|---|---|---|---|---|---|---|
| 12 | 中 | 深粉红色 | 粉红色 | 粉红色 | 浅粉红色 | | | | | 茶色 | |
| 13 | 小 | 黄褐色 | 黄色 | 浅黄色 | | | | | | 茶色 | |
| 14 | 中 | 红色 | 朱红色 | 朱红色 | 橙色 | | | | | 茶色 | |
| 15 | 小 | 藏蓝色 | 蓝色 | 浅蓝色 | | | | | | 茶色 | |
| 16 | 大 | 黄褐色 | 黄褐色 | 黄色 | 黄色 | 浅黄色 | 浅黄色 | | | 茶色 | |
| 17.玫瑰手提包 | 大 | 深粉色 | 深粉色 | 粉红色 | 粉红色 | 浅粉红色 | 浅粉红色 | | | | |
| 18.装饰小物件 | 小 | 红色 | 朱红色 | 橙色 | | | | | | | 黄绿色 |
| 35 | 大 | 深粉红色 | 深粉红色 | 粉红色 | 粉红色 | 浅粉红色 | 浅粉红色 | 蓝色 | 茶色 | 茶色 | |
| 36 | 大 | 深红色 | 深红色 | 浅红色 | 浅红色 | 朱红色 | 朱红色 | | | 茶色 | |
| 37 | 小 | 深粉红色 | 粉红色 | 浅粉红色 | | | | | | 茶色 | |
| 38 | 中 | 藏蓝色 | 蓝色 | 蓝色 | 浅蓝色 | | | | | 茶色 | |

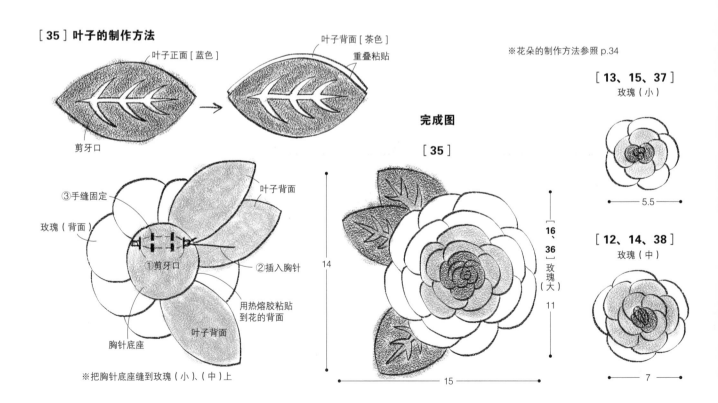

## [35] 叶子的制作方法

叶子正面 [蓝色]　叶子背面 [茶色]　重叠粘贴　剪牙口

※花朵的制作方法参照 p.34

③手缝固定　叶子背面　玫瑰（背面）　①剪牙口　②插入胸针　用热熔胶粘贴到花的背面　叶子背面　胸针底座

※把胸针底座缝到玫瑰（小）、（中）上

**完成图**

[35]　14　15

**[ 13、15、37 ]** 玫瑰（小）　5.5

**[ 12、14、38 ]** 玫瑰（中）　7

16 36 玫瑰（大）　11

[ **制作方法** ] ※ 花朵的制作方法参照 p.34
仅限作品 35，参照解说图制作叶子，用不织布专用黏合剂粘贴到花的
背面。在胸针底座剪牙口，插入胸针，缝住固定好，制作胸针底座。
把胸针底座用热熔胶粘贴到花的背面。

**实物大纸型**

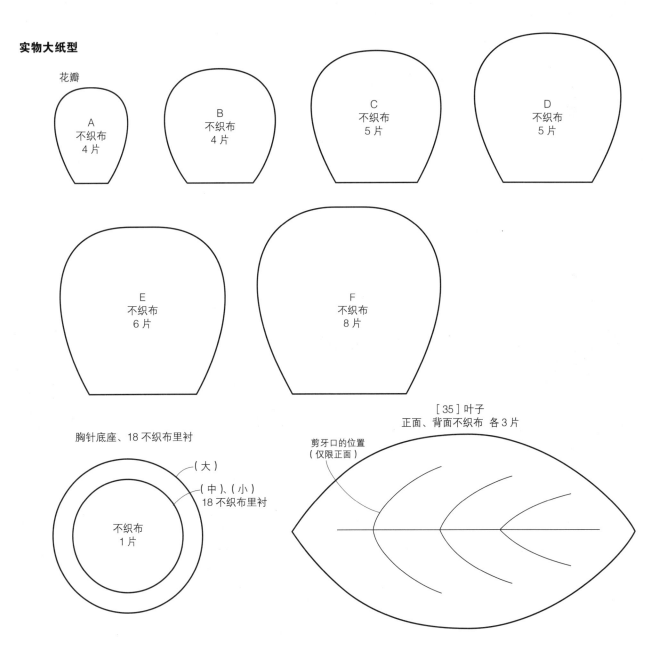

花瓣

A
不织布
4 片

B
不织布
4 片

C
不织布
5 片

D
不织布
5 片

E
不织布
6 片

F
不织布
8 片

胸针底座、18 不织布里衬

（大）

（中）、（小）
18 不织布里衬

不织布
1 片

[ 35 ] 叶子
正面、背面不织布 各 3 片

剪牙口的位置
（仅限正面）

# 17 18　p.13　玫瑰手提包、装饰小物件

[材料]
※ 花瓣的颜色、数量参照 p.58 的表格，花瓣的实物大纸型参照 p.59

**17. 玫瑰手提包**
不织布（厚 2mm）…湖蓝色 40cm×20cm
不织布（厚 1mm）…深粉红色 11cm×6cm、粉红色 12cm×16cm、
浅粉红色 20cm×20cm
其他…25 号刺绣线　湖蓝色适量

**18. 装饰小物件**
不织布（厚 1mm）…红色 5cm×4cm、朱红色 6cm×6cm、橙色 11cm×
7cm、黄绿色 3cm×3cm
其他…直径 3.5cm 的垫圈 1 个、圆环 2 个、长 6cm 带龙虾扣的链子 1
根

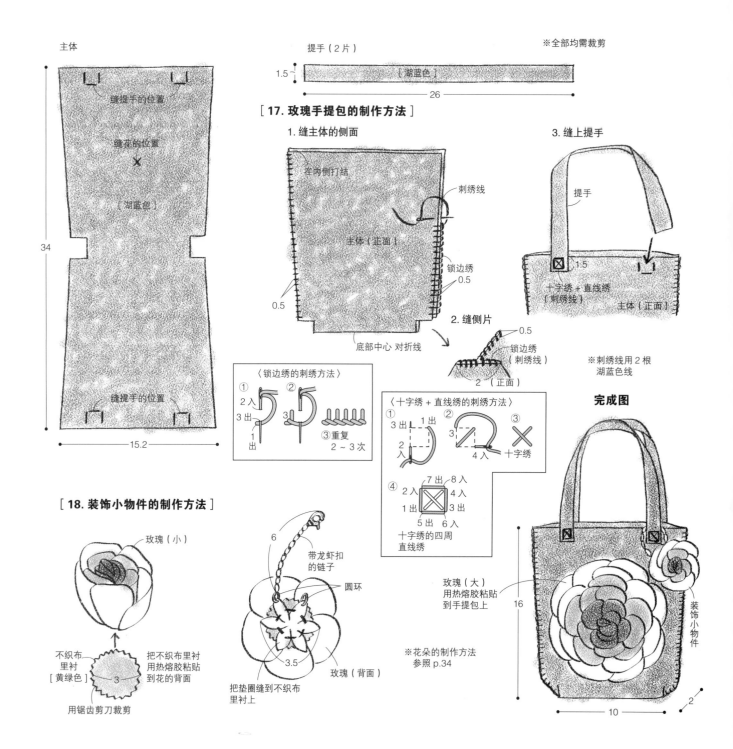

主体

缝提手的位置

缝花的位置 ✕

[湖蓝色]

34

缝提手的位置

15.2

提手（2 片）　　　　　　　　　　　　　　　　　　※全部均需裁剪

1.5　[湖蓝色]

26

**[ 17. 玫瑰手提包的制作方法 ]**

1. 缝主体的侧面

在内侧打结

主体（正面）

刺绣线

锁边绣
0.5

0.5

底部中心 对折线

2. 缝侧片

0.5
锁边绣
（刺绣线）
2 （正面）

〈锁边绣的刺绣方法〉
① 2 入　3 出　1 出
② 重复 2～3 次 ③

〈十字绣 + 直线绣的刺绣方法〉
① 3 出　1 出　2 入
② 3 出　4 入
③ 十字绣
④ 7 出　8 入　2 入　4 入　1 出　3 出　5 出　6 入
十字绣的四周
直线绣

3. 缝上提手

提手

1.5

十字绣 + 直线绣
（刺绣线）
主体（正面）

※刺绣线用 2 根
湖蓝色线

**完成图**

玫瑰（大）
用热熔胶粘贴
到手提包上

16

玫瑰（小）

不织布
里衬
[黄绿色]
3
用锯齿剪刀裁剪

把不织布里衬
用热熔胶粘贴
到花的背面

6
带龙虾扣
的链子

圆环

3.5

把垫圈缝到不织布
里衬上

玫瑰（背面）

**[ 18. 装饰小物件的制作方法 ]**

※花朵的制作方法
参照 p.34

10

2

装饰小物件

[ **制作方法** ] ※ 花朵的制作方法参照 p.34
**17** ／制作玫瑰 ( 大 )。把手提包主体对折做锁边绣，然后缝上侧片。缝上
2 个提手。用热熔胶把玫瑰 ( 大 ) 粘贴到手提包的前面。
**18** ／制作玫瑰 ( 小 )，缝上垫圈。然后通过圆环安装上带龙虾扣的链子。

### 17. 玫瑰手提包主体实物大纸型

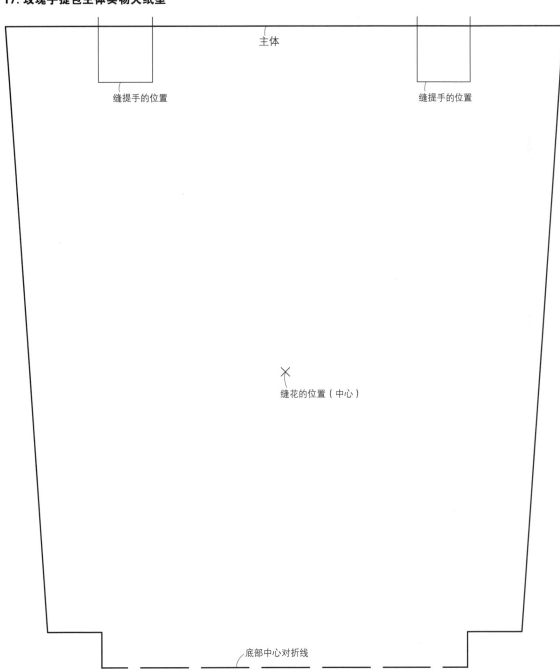

主体

缝提手的位置                                      缝提手的位置

✕
缝花的位置 ( 中心 )

底部中心对折线

# 19  p.14  花朵挂盘

[材料] ※ 不织布的厚度均为 1mm
不织布…白色 15cm×20cm、深粉红色 5cm×5cm、粉红色 7cm×7cm、
淡蓝色 6cm×4cm、紫色 6cm×2cm、黄色 2cm×3cm、深绿色
3cm×5cm、绿色 5cm×3cm、浅绿色 2cm×4cm
其他…圆形小串珠 9颗、极小的串珠 4颗、直径12cm绣绷 1个

[制作方法] ※ 迷你玫瑰的制作方法参照 p.24
制作 2 朵迷你玫瑰。参照彩图制作 9 朵绣球花、白色的花、蝴蝶。把
白色不织布放到刺绣内框上，拉紧，剪掉多余的部分。然后均匀地把
叶子粘贴上。用热熔胶把花、蝴蝶、串珠都粘贴上。

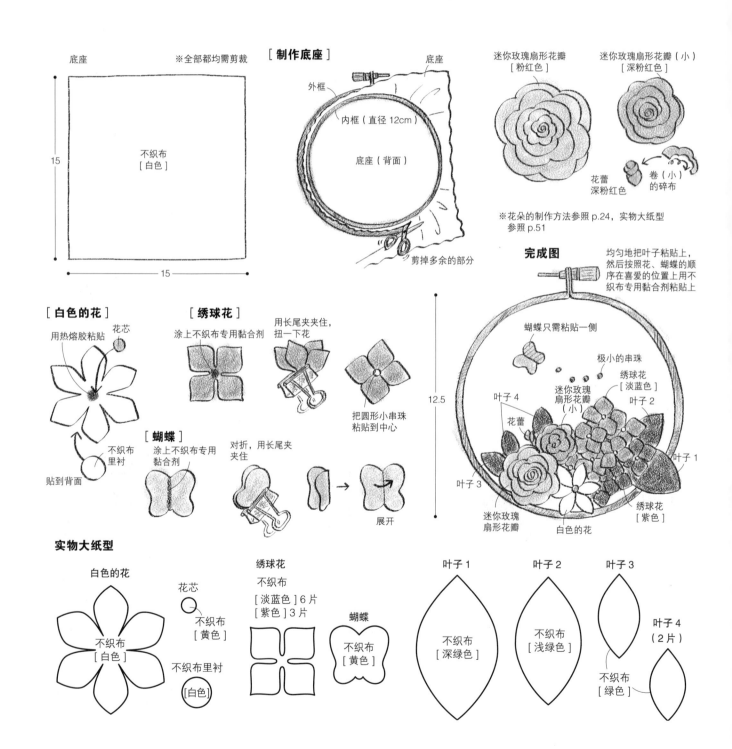

# 23 p.23 松球书签

[材料] ※不织布的厚度均为 2mm
不织布…茶色 4cm×16cm、深茶色 8cm×16cm
其他…宽 1cm 的天鹅绒丝带 25cm、直径 4mm 木串珠 3 颗、直径
5mm 玻璃串珠 1 颗、直径 1.5cm 的装饰透明圆盘 1 个、T 字针 2 根、9
字针 2 根、宽 1cm 的马口夹

[制作方法] ※松球的制作方法参照 p.22
制作松球。在丝带的两端安装上马口夹。如图把串珠和装饰透明圆盘
安装上，把松球安装到顶端。

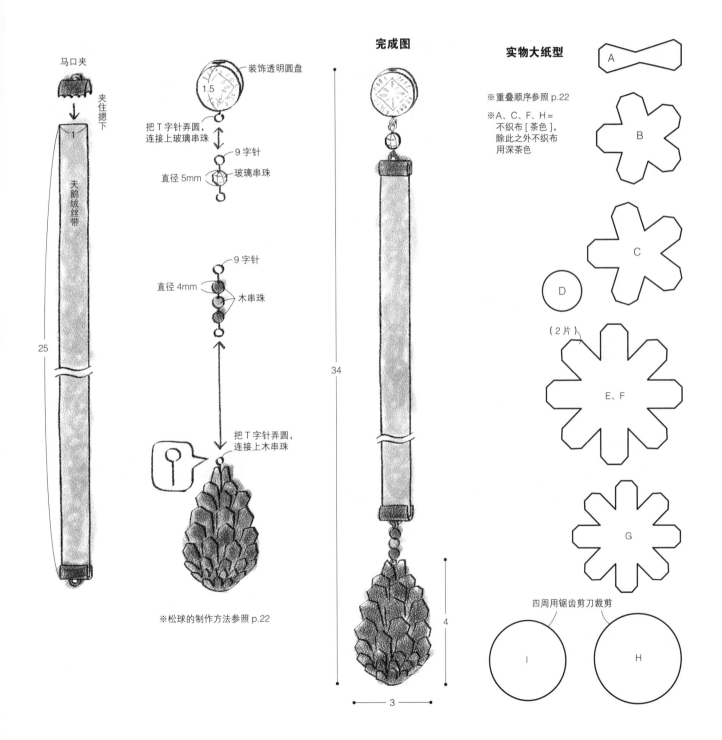

马口夹

夹住挼下

装饰透明圆盘

1.5

把 T 字针弄圆，
连接上玻璃串珠

9 字针

直径 5mm  玻璃串珠

9 字针

直径 4mm  木串珠

25

天鹅绒丝带

把 T 字针弄圆，
连接上木串珠

※松球的制作方法参照 p.22

**完成图**

34

4

3

**实物大纸型**

A

※重叠顺序参照 p.22

※A、C、F、H＝
不织布 [茶色]，
除此之外不织布
用深茶色

B

C

D

(2 片)

E、F

G

四周用锯齿剪刀裁剪

I

H

63

[ 材料 ]

**27. 雏菊心形礼物盒**

不织布（厚 2mm）…粉红色 18cm×18cm　3 片

不织布（厚 1mm）…蓝色、淡蓝色、橙色各 4cm×20cm, 绿色、黄绿色各 4cm×10cm

其他…直径 8mm 毛绒球 1 个、25 号刺绣线　粉红色适量

**28. 雏菊发夹（3 朵花的量）**

不织布（厚 1mm）…红色 8cm×20cm　3 片、橙色 4cm×20cm、奶油色 4cm×20cm、绿色 4cm×20cm、黄色 4cm×20cm（所有的不织布材料均剪成 2cm×20cm、每种颜色 2 片重叠卷起来制作花瓣）

其他…直径 8mm 毛绒球 3 个、长 9.5cm 金属发夹 1 个

[ 制作方法 ]　※ 花朵的制作方法参照 p.28

**27** ／花瓣用的所有的不织布材料均剪成 2cm×20cm、每种颜色 2 片重叠卷起来制作花瓣。把盖子侧面的 2 片重叠起来，一边用锁边绣缝合。缝合时注意对齐心形，把盖子和侧面缝合到一起。裁掉多余的缝份。然后按照相同的方法制作主体。把叶子放到盖子上，用热熔胶粘贴。然后盖子上面均匀地粘贴花。

**实物大纸型**

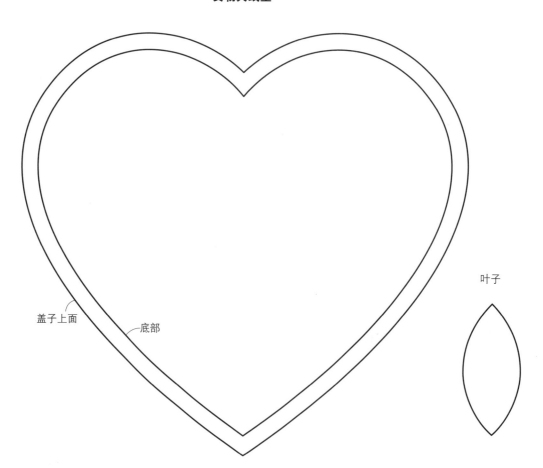

盖子上面　　底部

叶子

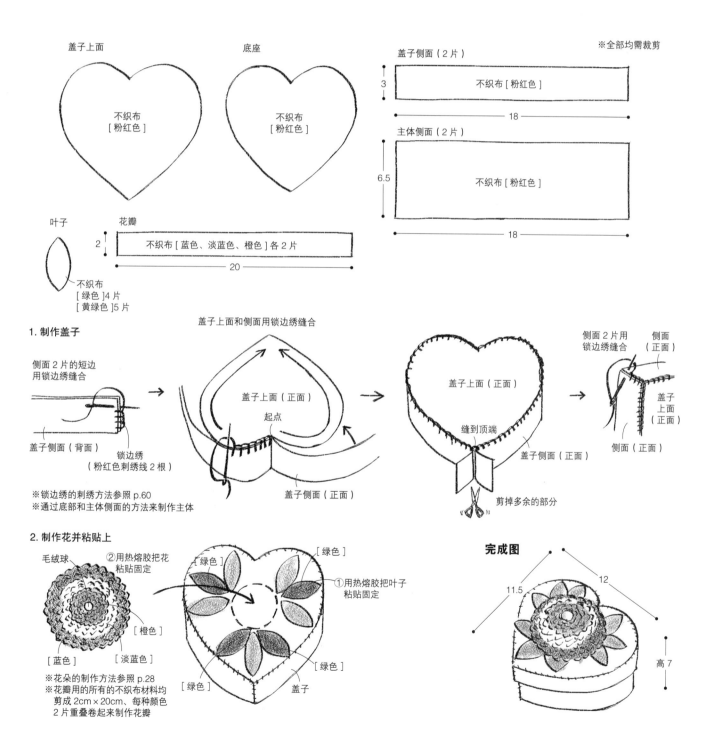

盖子上面

不织布
[粉红色]

底座

不织布
[粉红色]

盖子侧面（2片）

3

不织布 [粉红色]

18

※全部均需裁剪

主体侧面（2片）

6.5

不织布 [粉红色]

18

叶子

不织布
[绿色]4片
[黄绿色]5片

花瓣

2

不织布 [蓝色、淡蓝色、橙色]各2片

20

## 1. 制作盖子

盖子上面和侧面用锁边绣缝合

侧面2片的短边
用锁边绣缝合

盖子侧面（背面）

锁边绣
（粉红色刺绣线2根）

※锁边绣的刺绣方法参照 p.60
※通过底部和主体侧面的方法来制作主体

盖子上面（正面）

起点

盖子侧面（正面）

盖子上面（正面）

缝到顶端

盖子侧面（正面）

剪掉多余的部分

侧面2片用
锁边绣缝合

侧面
（正面）

盖子
上面
（正面）

侧面（正面）

## 2. 制作花并粘贴上

毛绒球

②用热熔胶把花
粘贴固定

[橙色]

[蓝色]

[淡蓝色]

※花朵的制作方法参照 p.28
※花瓣用的所有的不织布材料均
剪成 2cm×20cm，每种颜色
2片重叠卷起来制作花瓣

[绿色]

[绿色]

①用热熔胶把叶子
粘贴固定

[绿色]

[绿色]

盖子

## 完成图

11.5

12

高7

# 31 32  p.32 绣球花装饰小物件

[材料] ※所有不织布的厚度均为 1mm
**31. 紫色的小物件**
不织布…浅紫色 18cm×15cm，深紫色 6cm×4cm，紫色、蓝紫色各 4cm×4cm
其他…圆形小串珠 20颗、宽 0.3cm 深粉色缎带 32cm
**32. 蓝色的小物件**
不织布…淡蓝色 18cm×15cm，湖蓝色、蓝色、蓝绿色各 6cm×4cm
其他…圆形小串珠 22颗、宽 0.3cm 黄绿色缎带 14cm
〈通用〉（1个的量）蕾丝…1.8cm×22cm、1cm×17cm、0.6cm×24cm，填充棉适量

[制作方法]
※花朵的制作方法、花瓣的实物大纸型参照 p.32
※底座、不织布里衬的实物大纸型参照 p.57（不织布里衬和胸针底座通用）
参照 p.32 的步骤 **1~5** 制作绣球花。在贴不织布里衬之前，把蕾丝和缎带根据自己的喜好折叠，重叠到一起，折叠处暂时固定，然后均匀地缝到花的背面。把当吊绳用的缎带暂时固定，用不织布专用黏合剂粘贴上不织布里衬。

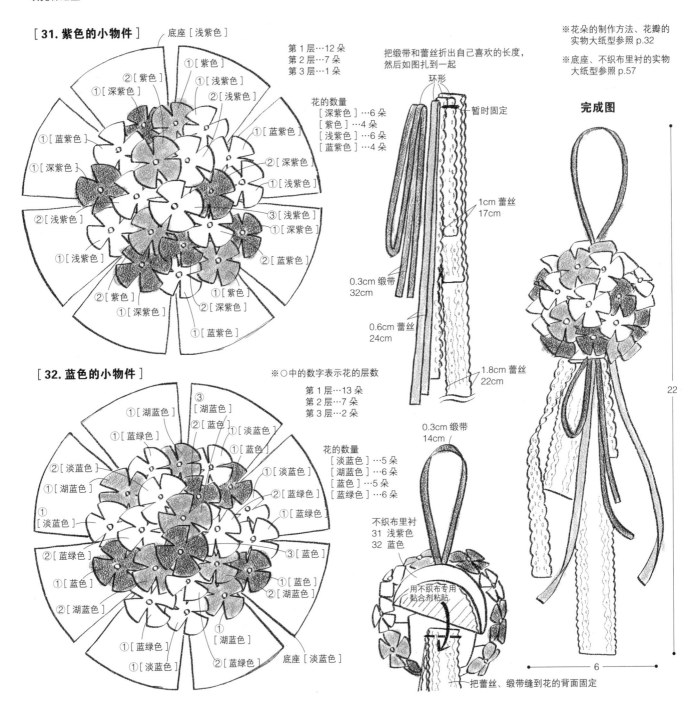

[31. 紫色的小物件]
底座 [浅紫色]
第 1 层…12 朵
第 2 层…7 朵
第 3 层…1 朵

花的数量
[深紫色]…6 朵
[紫色]…4 朵
[浅紫色]…6 朵
[蓝紫色]…4 朵

把缎带和蕾丝折出自己喜欢的长度，然后如图扎到一起
环形
暂时固定
1cm 蕾丝 17cm
0.3cm 缎带 32cm
0.6cm 蕾丝 24cm
1.8cm 蕾丝 22cm

※花朵的制作方法、花瓣的实物大纸型参照 p.32
※底座、不织布里衬的实物大纸型参照 p.57

完成图

[32. 蓝色的小物件]
※○中的数字表示花的层数
第 1 层…13 朵
第 2 层…7 朵
第 3 层…2 朵

花的数量
[淡蓝色]…5 朵
[湖蓝色]…6 朵
[蓝色]…5 朵
[蓝绿色]…6 朵

0.3cm 缎带 14cm

不织布里衬
31 浅紫色
32 蓝色
用不织布专用黏合剂粘贴
把蕾丝、缎带缝到花的背面固定

22
6

66

# 52 53  p.46 野玫瑰礼物装饰

[材料] ※除指定以外, 不织布的厚度均为2mm(所有均为1mm也可以)
**52. 红色的小物件**
不织布…红色 18cm×18cm  2片
其他…黑色珠光花芯 10根、宽 2.5cm红色缎带 68cm、盒子( 19cm× 10cm×3.5cm) 1个
**53. 粉红色的小物件**
不织布…粉红色 14cm×14cm
不织布( 厚1mm)…浅粉红色 18cm×18cm、绿色 1.5cm×3cm

[制作方法] ※花朵的制作方法参照 p.20
参照 p.20和解说图把花瓣缝成圆形, 做成碗状, 制作花朵。把缎带 如图形状贴到盒子上, 把缎带的顶端隐藏起来, 上面重叠贴上花。

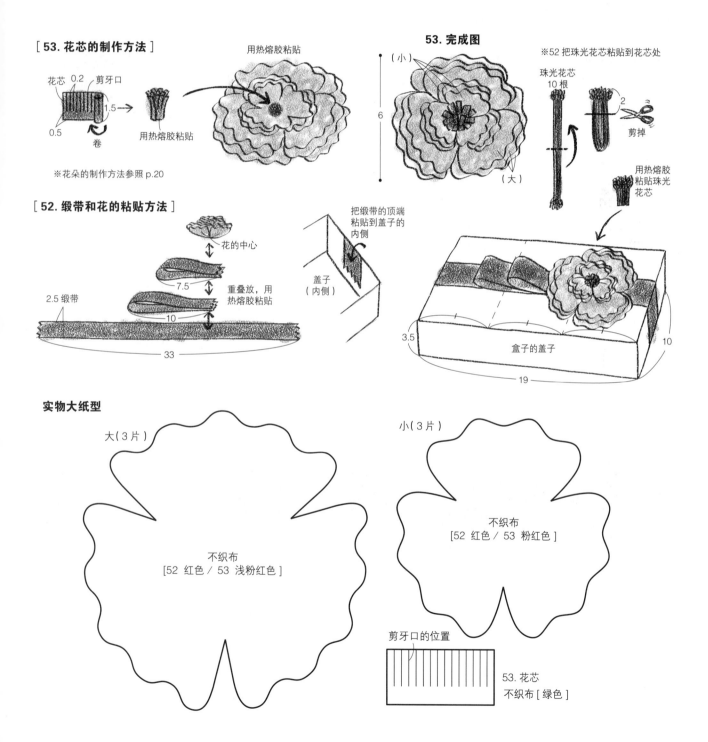

[ 53. 花芯的制作方法 ]

花芯  0.2  剪牙口
0.5
1.5 →
卷
用热熔胶粘贴
用热熔胶粘贴
※花朵的制作方法参照 p.20

[ 52. 缎带和花的粘贴方法 ]

花的中心
7.5  重叠放, 用 热熔胶粘贴
2.5 缎带
10
33

把缎带的顶端 粘贴到盖子的 内侧
盖子 ( 内侧 )

**53. 完成图**
( 小 )
6
( 大 )

※52 把珠光花芯粘贴到花芯处
珠光花芯 10 根
2
剪掉
用热熔胶 粘贴珠光 花芯

3.5
盒子的盖子
19
10

实物大纸型

大 ( 3 片 )
不织布
[ 52 红色 / 53 浅粉红色 ]

小 ( 3 片 )
不织布
[ 52 红色 / 53 粉红色 ]

剪牙口的位置
53. 花芯
不织布 [ 绿色 ]

# 46 p.42 四照花手套装饰

[材料] ※除指定以外，不织布的厚度均为2mm
不织布…灰色18cm×18cm 2片、黑色18cm×18cm
不织布（厚1mm）…绿色18cm×10cm
其他…直径3mm黑色串珠36颗、宽6.5cm黑色绢网蕾丝50cm（如果蕾丝太宽，可根据手套的尺寸进行裁剪）

[制作方法]
按照解说图制作10朵花A，5朵花的花瓣基部组合粘贴在一起。花B和花A一样，花瓣基部需要摁平。花C的花瓣闭合。花D的中心平针缝，拉线，做形状，缝上串珠。根据手套尺寸，裁掉多余的绢网蕾丝。然后从花的背面开始缝上绢网蕾丝。

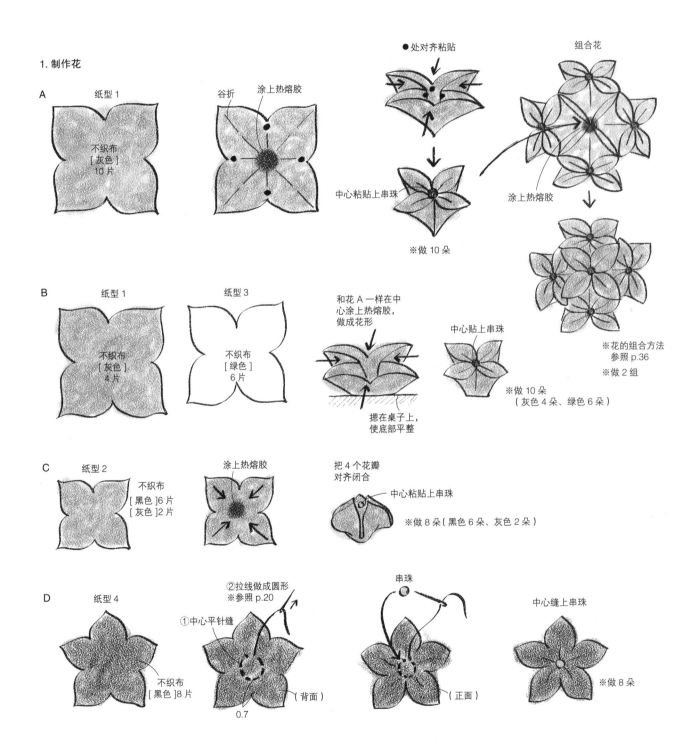

1. 制作花

A
纸型1
不织布
[灰色]
10片

谷折 涂上热熔胶

●处对齐粘贴

中心粘贴上串珠

※做10朵

组合花

涂上热熔胶

※花的组合方法
参照p.36

※做2组

B
纸型1
不织布
[灰色]
4片

纸型3
不织布
[绿色]
6片

和花A一样在中心涂上热熔胶，做成花形

摁在桌子上，使底部平整

中心贴上串珠

※做10朵
（灰色4朵、绿色6朵）

C
纸型2
不织布
[黑色]6片
[灰色]2片

涂上热熔胶

把4个花瓣对齐闭合

中心粘贴上串珠

※做8朵（黑色6朵、灰色2朵）

D
纸型4
不织布
[黑色]8片

②拉线做成圆形
※参照p.20

①中心平针缝

（背面）

0.7

串珠

（正面）

中心缝上串珠

※做8朵

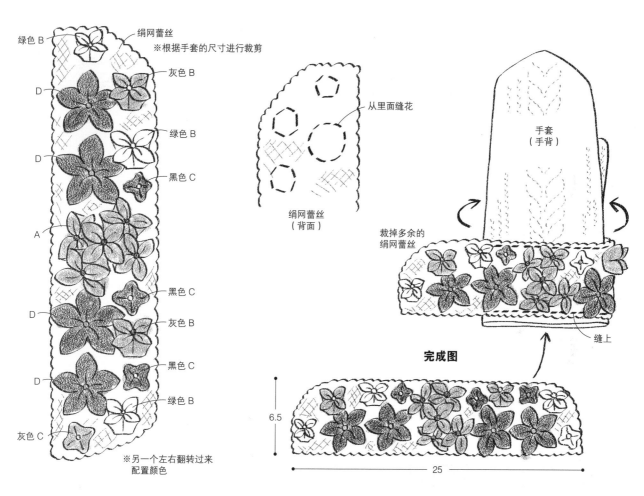

绿色 B
绢网蕾丝
※根据手套的尺寸进行裁剪

灰色 B

D

绿色 B

D

黑色 C

从里面缝花

A

黑色 C

绢网蕾丝
（背面）

手套
（手背）

D

灰色 B

裁掉多余的
绢网蕾丝

黑色 C

D

绿色 B

缝上

灰色 C

完成图

※另一个左右翻转过来
配置颜色

6.5

25

**实物大纸型**

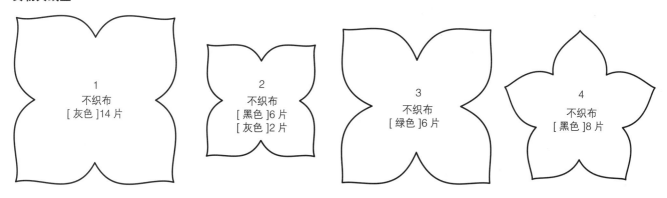

1
不织布
[灰色]14 片

2
不织布
[黑色]6 片
[灰色]2 片

3
不织布
[绿色]6 片

4
不织布
[黑色]8 片

## 47 八重樱装饰领

## 48 鸡冠花胸针

p.43

[材料] ※除指定以外, 不织布的厚度均为 1mm

**47. 八重樱装饰领**
厚不织布…白色 15cm×15cm
不织布 ( 厚 2mm ) …象牙色 18cm×18cm 2 片
其他…宽 2.6cm 白色玻璃纱丝带 120cm、C 形环 1 个
珍珠…直径 8mm 2 颗、直径 6mm 8 颗、直径 5mm 4 颗、直径 3mm 18 颗

**48. 鸡冠花胸针**
不织布…白色 9cm×6cm
其他…直径 3mm 的人造宝石 5 颗、长 7cm 的带链胸针 1 个

[制作方法]

**47** / 参照解说图和 p.20 制作花 A、B、C、D。用 C 形环把 2 片领子底座连接起来, 粘贴上花, 缝隙里粘贴上串珠。两端粘贴上丝带。

**48** / 参照 p.38 的 b 制作花。花芯里粘贴上人造宝石。把带链胸针同热熔胶粘贴到花的背面。

[ **48. 鸡冠花胸针** ]　　※花朵的制作方法参照 p.38 的 b

花瓣（5 片）

不织布
[ 白色 ]

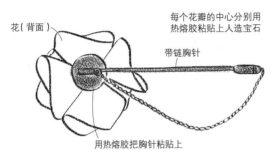
花 ( 背面 )
带链胸针
用热熔胶把胸针粘贴上
每个花瓣的中心分别用热熔胶粘贴上人造宝石

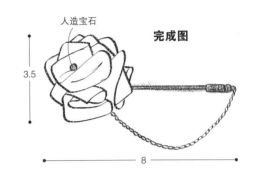
人造宝石
**完成图**
3.5
8

[ **47. 八重樱装饰领** ]

花瓣（大）12 片

不织布
[ 象牙色 ]

花瓣（小）6 片
不织布
[ 象牙色 ]

底座（2 片）
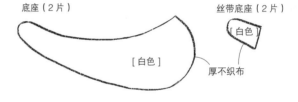
[ 白色 ]

丝带底座（2 片）
[ 白色 ]
厚不织布

**1. 制作花**

A（2 朵）
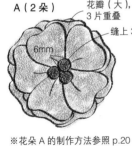
平针缝之后做成碗状的花瓣（大）, 3 片重叠
6mm
缝上 3 颗珍珠
※花朵 A 的制作方法参照 p.20

B（2 朵）
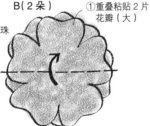
①重叠粘贴 2 片花瓣（大）
②对折用热熔胶粘贴

C（2 朵）

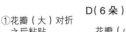
①花瓣（大）对折之后粘贴
对折线
②再次对折, 用热熔胶粘贴

D（6 朵）
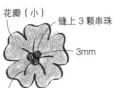
花瓣（小）
缝上 3 颗串珠
3mm
中心的圆形平针缝, 拉线
※参照 p.20

**2. 制作底座**
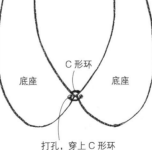
C 形环
底座　　底座
打孔, 穿上 C 形环

**3. 把花用热熔胶粘贴到底座上**
※另一半领左右翻转制作
花与花的缝隙贴上珍珠

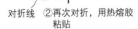
D
直径 5mm 的珍珠
C
D　　D
直径 6mm 的珍珠
直径 5mm 的珍珠
直径 8mm 的珍珠
B
A
底座
※粘贴时, 注意要遮住底座

70

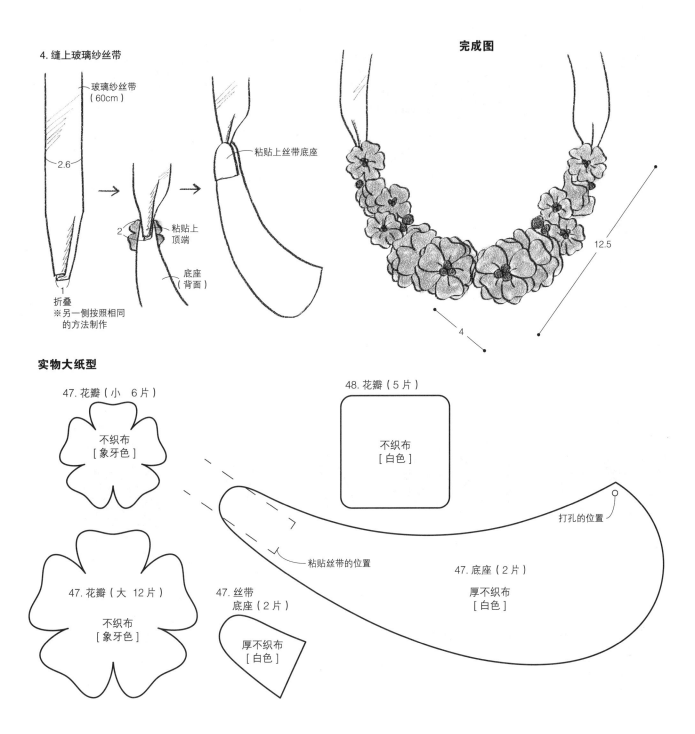

4. 缝上玻璃纱丝带

玻璃纱丝带
（60cm）

2.6

2

1

折叠
※另一侧按照相同
的方法制作

粘贴上丝带底座

粘贴上
顶端

底座
（背面）

**完成图**

12.5

4

**实物大纸型**

47. 花瓣（小　6片）

不织布
[象牙色]

48. 花瓣（5片）

不织布
[白色]

47. 花瓣（大　12片）

不织布
[象牙色]

47. 丝带
底座（2片）

厚不织布
[白色]

粘贴丝带的位置

打孔的位置

47. 底座（2片）

厚不织布
[白色]

# 49 50　p.44　鸡冠花装饰托盘

[材料]（1个的量）※除指定以外，不织布的厚度均为2mm
**49.浅紫色装饰托盘**
不织布（厚3mm）…浅紫色18cm×18cm
不织布…浅紫色18cm×10cm、粉红色12cm×6cm
利伯蒂印花布…绿色系15cm×10cm
**50.紫红色装饰托盘**
不织布（厚3mm）…紫红色18cm×18cm
不织布…紫红色18cm×10cm、粉红色12cm×6cm
利伯蒂印花布…紫色系15cm×10cm
〈通用〉（1个的量）宽0.5cm起绒皮革丝带30cm、直径1cm按扣4对、
四合扣1对

[制作方法]　※花朵的制作方法参照p.38的 **b**
把花瓣A与B重叠，参照p.38的 **b** 制作花。在托盘的四角安装上按扣，
中心通过四合扣装饰上丝带。丝带的顶端粘贴上花。

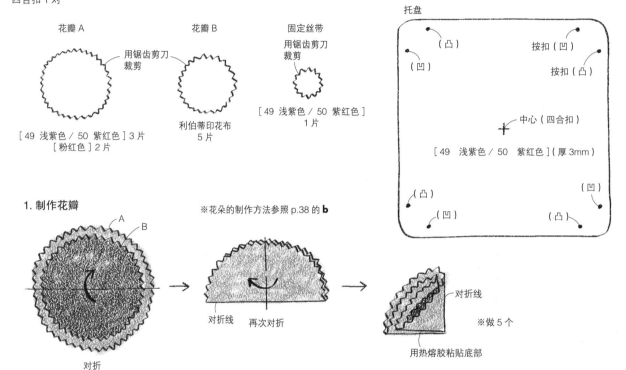

花瓣A

用锯齿剪刀
裁剪

[49 浅紫色 / 50 紫红色]3片
[粉红色]2片

花瓣B

利伯蒂印花布
5片

固定丝带

用锯齿剪刀
裁剪

[49 浅紫色 / 50 紫红色]
1片

托盘

（凸）　　　按扣（凹）
（凹）　　　按扣（凸）

中心（四合扣）

[49 浅紫色 / 50 紫红色]（厚3mm）

（凸）　　　（凹）
（凹）　　　（凸）

## 1.制作花瓣

※花朵的制作方法参照p.38的 **b**

A
B

对折

对折线　再次对折

对折线

※做5个

用热熔胶粘贴底部

## 2.组合花

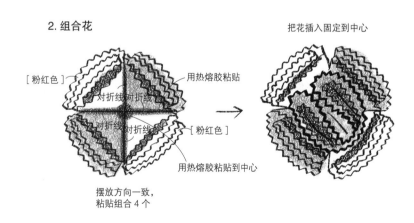

[粉红色]

对折线　对折线

对折线　对折线

[粉红色]

用热熔胶粘贴

用热熔胶粘贴到中心

摆放方向一致，
粘贴组合4个

把花插入固定到中心

## 3.把按扣和四合扣安装到托盘上

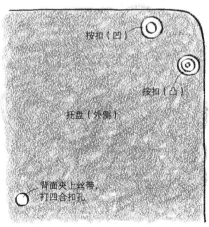

按扣（凹）

按扣（凸）

托盘（外侧）

背面夹上丝带，
打四合扣孔

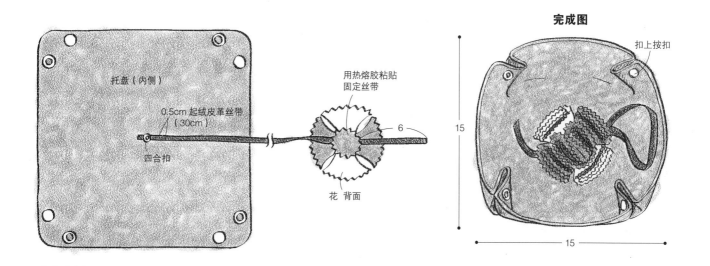

**完成图**

扣上按扣

托盘（内侧）

用热熔胶粘贴
固定丝带

0.5cm 起绒皮革丝带
（30cm）

四合扣

花 背面

6

15

15

**实物大纸型** ※花瓣 A 与 p.38 的 **a**、**c**，41 ~ 44 通用

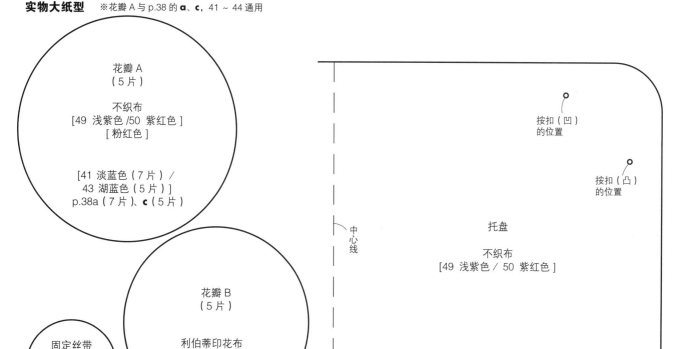

花瓣 A
（5 片）

不织布
[49 浅紫色 /50 紫红色]
[粉红色]

[41 淡蓝色（7 片）/
43 湖蓝色（5 片）]
p.38a（7 片）、**c**（5 片）

花瓣 B
（5 片）

利伯蒂印花布

固定丝带
不织布
[49 浅紫色 /
50 紫红色]

按扣（凹）
的位置

按扣（凸）
的位置

托盘

不织布
[49 浅紫色 / 50 紫红色]

中心线

四合扣的位置

中心线

# 41 ~ 44　p.39 鸡冠花饰品（材料）

[材料]
※ 除指定以外，不织布的厚度均为 2mm（所有均为 1mm 也可以）
※41、43 的花瓣的实物大纸型和上面 49、50 的花瓣 A 通用。
※〈通用〉（1 个的量）不织布里衬直径 3 ~ 4cm，胸针 1 个
**41. 淡蓝色** ※ 花朵的制作方法参照 p.38 的 **a**
不织布（厚1mm）…淡蓝色18cm×18cm
其他…白色珠光花芯适量
**42. 大理石蓝色** ※ 花朵的制作方法参照 p.38 的 **b**
不织布…大理石蓝色15cm×10cm
其他…蓝色珠光花芯适量

**43. 湖蓝色**
※ 花朵的制作方法参照 p.38 的 **c**
不织布…湖蓝色18cm×12cm
不织布（厚1mm）…黄色3cm×3.5cm
其他…直径6mm的串珠5颗
**44. 蓝色**
※花朵的制作方法参照 p.38 的 **b**
不织布…蓝色15cm×10cm
其他…宽1.5cm棉制粗线蕾丝30cm

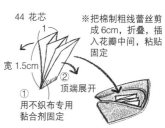

44 花芯

1

宽 1.5cm

① 用不织布专用
黏合剂固定

② 顶端展开

※把棉制粗线蕾丝剪
成6cm，折叠，插
入花瓣中间，粘贴
固定

## 51 p.45 迷你花束饰品

[材料] ※不织布的厚度均为 1mm
〈白色的花 3 朵的量〉
不织布…白色 12cm×18cm、朱红色 15cm×2cm
其他…40cm 的铁丝 3 根
〈橙色的花〉
不织布…橙色 21cm×14cm、米色 5cm×2cm、紫色 5cm×1cm
其他…40cm 的铁丝 1 根

〈黄色的花〉
不织布…浅黄色 16cm×8cm、黄色 20cm×3cm、黄褐色 20cm×3cm
其他…40cm 的铁丝 1 根
〈雏菊〉花的材料…参照 p.28、不织布里衬…直径 4cm1 片、40cm 的
铁丝 1 根
〈叶子〉不织布…绿色系 6 色适量、其他…铁丝适量
〈整体组合用〉胸针 1 个、花艺胶带适量

[白色的花 1 个] ※花瓣的实物大纸型参照 p.76

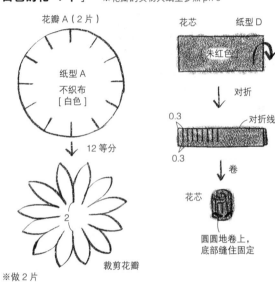

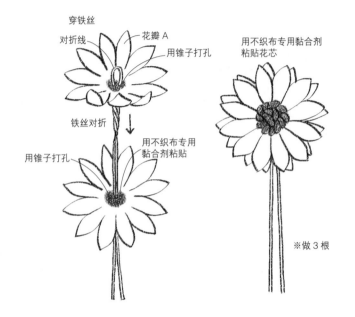

[橙色的花] ※花瓣的实物大纸型参照 p.76

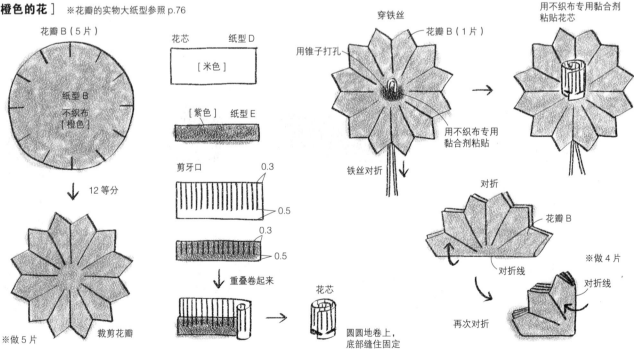

[ 制作方法 ]
制作 3 朵白色的花，其他颜色的花各 1 朵。在相同大小的叶子之间插
上铁丝粘贴固定。5 个扎到一起做成叶子。把花和叶子扎到一起缠上
花艺胶带，胸针也一起缠上。

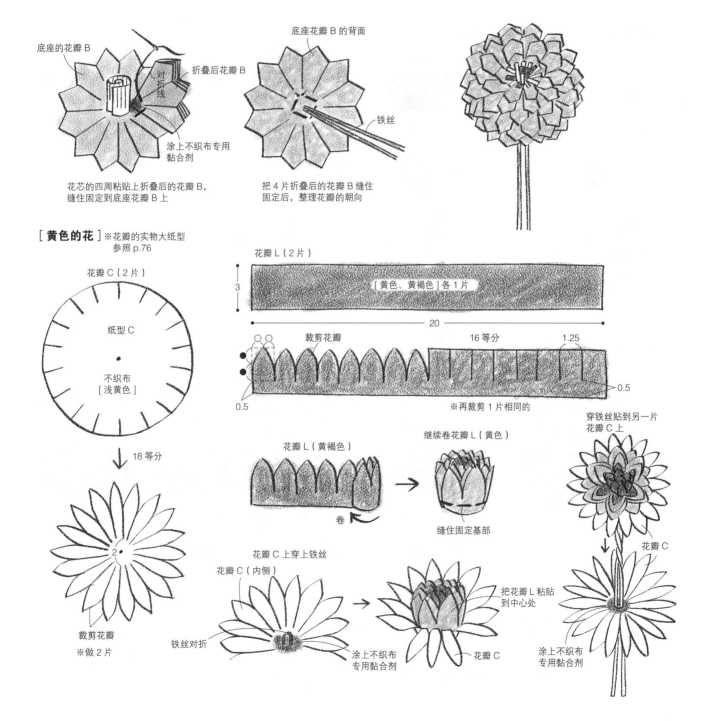

底座的花瓣 B

折叠后花瓣 B

对折线

涂上不织布专用
黏合剂

花芯的四周粘贴上折叠后的花瓣 B，
缝住固定到底座花瓣 B 上

底座花瓣 B 的背面

铁丝

把 4 片折叠后的花瓣 B 缝住
固定后，整理花瓣的朝向

[ 黄色的花 ] ※花瓣的实物大纸型
参照 p.76

花瓣 C（2 片）

纸型 C

不织布
[ 浅黄色 ]

18 等分

2

裁剪花瓣

※做 2 片

花瓣 L（2 片）

3

[ 黄色、黄褐色 ] 各 1 片

20

裁剪花瓣

16 等分

1.25

0.5

0.5

※再裁剪 1 片相同的

花瓣 L（黄褐色）

卷

继续卷花瓣 L（黄色）

缝住固定基部

穿铁丝贴到另一片
花瓣 C 上

花瓣 C

花瓣 C 上穿上铁丝

花瓣 C（内侧）

铁丝对折

涂上不织布
专用黏合剂

把花瓣 L 粘贴
到中心处

花瓣 C

花瓣 C

涂上不织布
专用黏合剂

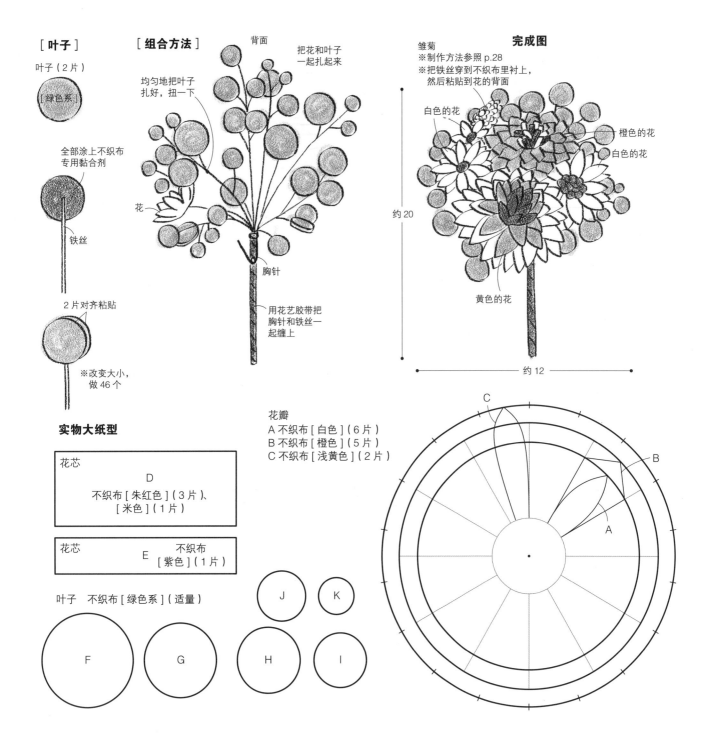

[ 叶子 ]

叶子（2片）

[绿色系]

全部涂上不织布
专用黏合剂

铁丝

2片对齐粘贴

※改变大小，
做46个

[ 组合方法 ]

背面

把花和叶子
一起扎起来

均匀地把叶子
扎好，扭一下

花

胸针

用花艺胶带把
胸针和铁丝一
起缠上

雏菊
※制作方法参照 p.28
※把铁丝穿到不织布里衬上，
然后粘贴到花的背面

**完成图**

白色的花

橙色的花

白色的花

约20

黄色的花

约12

**实物大纸型**

花芯
D
不织布 [ 朱红色 ]（3片）、
[ 米色 ]（1片）

花芯
E 不织布
[ 紫色 ]（1片）

叶子 不织布 [ 绿色系 ]（适量）

F

G

J

K

H

I

花瓣
A 不织布 [ 白色 ]（6片）
B 不织布 [ 橙色 ]（5片）
C 不织布 [ 浅黄色 ]（2片）

C

B

A

## 54 55 p.47 刺叶桂花圣诞节装饰

[ 材料 ] ※ 不织布的厚度均为 1mm

**54. 红色圣诞节装饰**
不织布…绿色 15cm×8cm、红色 15cm×4cm、藏蓝色 7cm×3cm
其他…宽 5cm 的红色缎带 66cm、宽 0.5cm 的缎带 10cm，直径 1.4cm
串珠、小串珠各 2 颗，两用发夹 1 个

**55. 藏蓝色圣诞节装饰**
不织布…绿色 15cm×8cm、藏蓝色 15cm×4cm、红色 7cm×3cm
其他…藏蓝色缎带 5cm×66cm，缎带 0.5cm×10cm，直径 1.4cm 串
珠、小串珠各 2 颗，两用发夹 1 个

[ 制作方法 ]
把 3 片大的刺叶桂花和 1 片小的刺叶桂花错开粘贴。缎带蛇腹折，稍
微错开从中心缝住。缎带上面放上刺叶桂花、串珠、折叠好的缎带，
缝住固定。缎带的背面用热熔胶粘贴两用发夹。

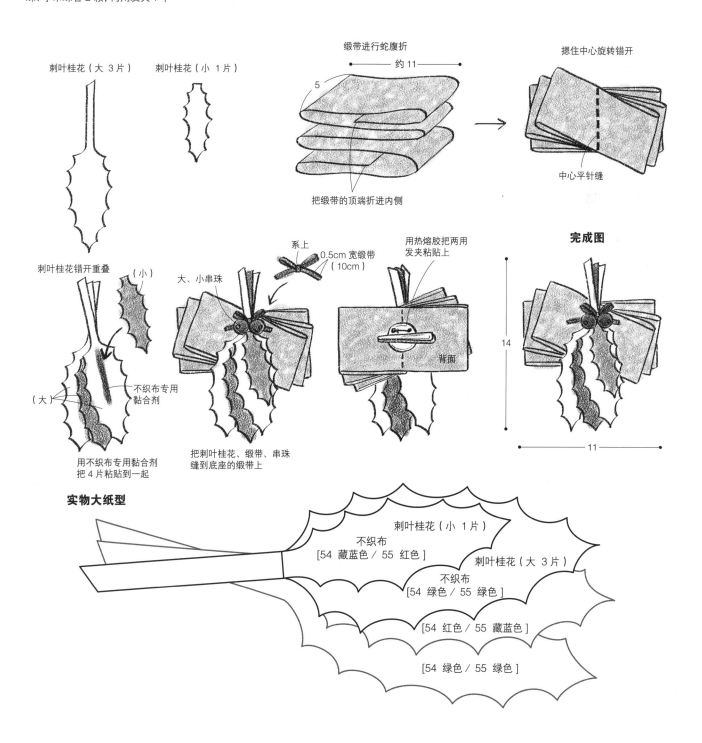

刺叶桂花（大 3 片） 刺叶桂花（小 1 片）

缎带进行蛇腹折 约 11
5
把缎带的顶端折进内侧

摁住中心旋转错开
中心平针缝

刺叶桂花错开重叠
（小）
（大）
不织布专用黏合剂
用不织布专用黏合剂把 4 片粘贴到一起

系上 0.5cm 宽缎带（10cm）
大、小串珠
把刺叶桂花、缎带、串珠缝到底座的缎带上

用热熔胶把两用发夹粘贴上
背面

**完成图**
14
11

**实物大纸型**

刺叶桂花（小 1 片）
不织布
[54 藏蓝色／55 红色]

刺叶桂花（大 3 片）
不织布
[54 绿色／55 绿色]

[54 红色／55 藏蓝色]

[54 绿色／55 绿色]

# 56　p.48　康乃馨花束装饰

[ 材料 ]　※不织布的厚度均为1mm
〈康乃馨　1朵花的量〉※粉红色、红色各准备4朵
不织布…红色或者粉红色18cm×12cm、绿色6cm×3cm
其他…40cm的铁丝1根
〈花束〉
不织布…黄色18cm×7cm
其他…铁丝1根、胸针1个、花艺胶带适量

[ 制作方法 ]　※花朵的制作方法参照p.40
制作8朵康乃馨。8朵扎一起缠上花艺胶带，连胸针一起缠进去。参照解说图制作丝带，穿上铁丝，缠到胸针上。

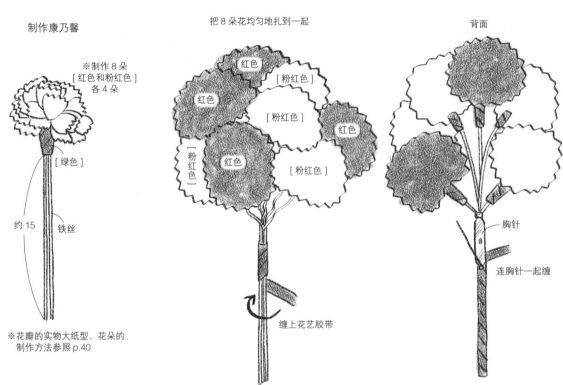

制作康乃馨

※制作8朵
[红色和粉红色]
各4朵

[绿色]

约15　铁丝

※花瓣的实物大纸型、花朵的
制作方法参照p.40

把8朵花均匀地扎到一起

[红色]
[红色]
[粉红色]
[粉红色]
[红色]
[粉红色]
[红色]

缠上花艺胶带

背面

胸针

连胸针一起缠

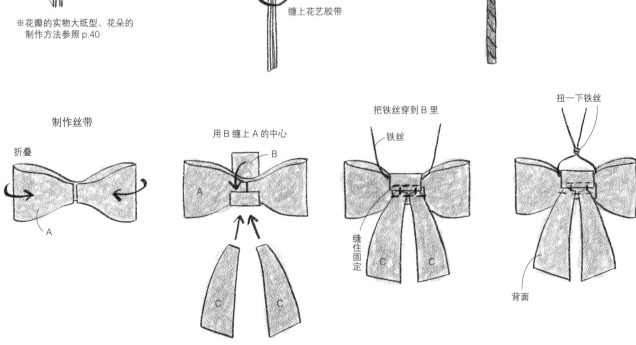

制作丝带

折叠

A

用B缠上A的中心

B

A

C　C

把铁丝穿到B里

铁丝

缝住固定

C　C

扭一下铁丝

背面

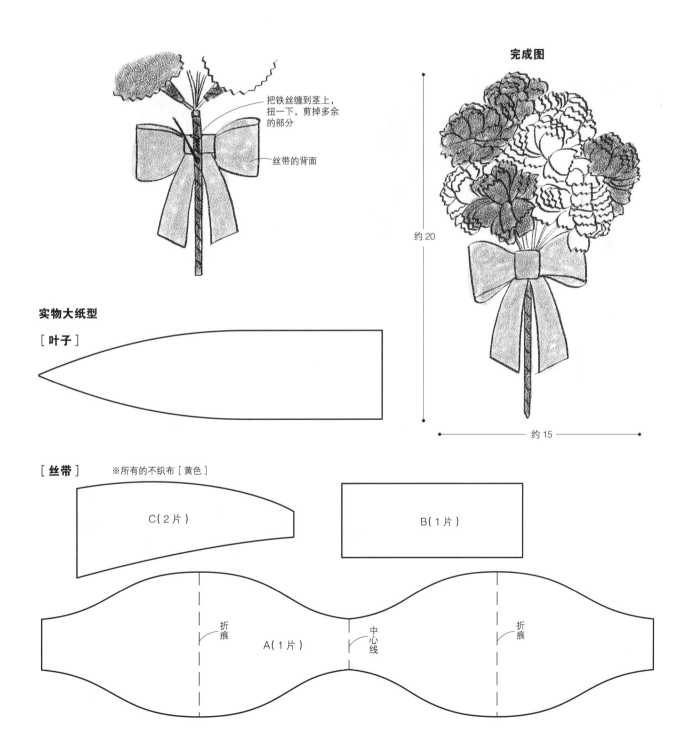

**完成图**

把铁丝缠到茎上，扭一下，剪掉多余的部分

丝带的背面

约20

约15

**实物大纸型**

[ **叶子** ]

[ **丝带** ]　※所有的不织布 [ 黄色 ]

C ( 2 片 )

B ( 1 片 )

折痕

A ( 1 片 )

中心线

折痕

FELT HANA NO TSUKURIKATA BOOK（NV70329）

Copyright©NIHON VOGUE-SHA 2016 AII rights reserved.

Photographers: YUKARI SHIRAI.

Original Japanese edition published in japan by NIHON VOGUE Co., LTD.,

Simplified Chinese translation rights arranged with BEIJING BAOKU INTERNATIONAL

CULTURAL DEVELOPMENT Co., Ltd.

著作权合同登记号：豫著许可备字-2016-A-0294


**图书在版编目（CIP）数据**

永远绽放的不织布花朵饰物 /日本宝库社编著；陈亚敏译. —郑州：河南科学技术出版
社，2017.8
ISBN 978-7-5349-8718-2

Ⅰ.①永… Ⅱ.①日… ②陈… Ⅲ.①手工艺品-制作 Ⅳ.① TS973.5

中国版本图书馆CIP数据核字（2017）第094513号

出版发行：河南科学技术出版社

地址：郑州市经五路66号　　邮编：450002

电话：（0371）65737028　　65788613

网址：www.hnstp.cn

策划编辑：刘　欣

责任编辑：刘　瑞

责任校对：王晓红

封面设计：张　伟

责任印制：张艳芳

印　　刷：北京盛通印刷股份有限公司

经　　销：全国新华书店

幅面尺寸：213 mm×285 mm　　印张：5　　字数：120千字

版　　次：2017年8月第1版　　2017年8月第1次印刷

定　　价：46.00元